Corinna Lenz | Christiane Schnepper

Lernspiele für Welpen

Spielerische Grunderziehung für junge Hunde

Ulmer

Spielen von Anfang an

Warum spielerisch lernen sinnvoll ist

Ist in Ihrer Familie geplant, einen Welpen aufzunehmen oder ist vielleicht gerade einer bei Ihnen eingezogen? Dann sind die Welpen-Spiele genau richtig für Sie!

Zusammen lernen

Haben Sie Freude daran, gemeinsam mit Ihrem Welpen die Welt zu entdecken und ihm dabei zu helfen, die wichtigsten Signale für den Alltag zu lernen? Gleichzeitig haben Sie gerne Abwechslung beim Training mit Ihrem Hund, und der Spaß soll dabei nicht zu kurz kommen? Mit ganz einfachen Mitteln und ohne großen Aufwand finden Sie in diesem Buch viele Spiele für die Basics der Hundeerziehung. Ihr Welpe wird spielerisch lernen, locker an der Leine zu laufen, auf Ihren Rückruf zu hören und sogar vermeintlich nicht so nette Signale wie „Nein“ mit Freude auszuführen. Fragen Sie sich, wie dies mit einem Spiel gehen soll?

Spielen macht Spaß

Hunde lernen die ganze Zeit und von Anfang an. **Lohnt** sich ein Verhalten für sie, wird es wiederholt gezeigt. Spielen macht Spaß, deswegen lohnt es sich für Ihren Hund. Und das ist die ganz einfache Erklärung, warum auch Hunde so gut durch Spiele lernen können.

Vielen Hunden macht es beispielsweise mehr **Freude**, Tricks wie „Pfötchen geben“ oder „Männchen machen“ mit ihrem Menschen zu üben, als die zum Grundgehorsam gehörenden Signale wie „Sitz“, „Platz“, „Bleib“, „Fuß“ und „Nein“. Doch warum ist das so? Denn Ihrem Hund ist es im Grunde ganz egal, ob er sich auf dem Bürgersteig hinsetzt oder ob er dort Männchen macht, beides ist für ihn nur ein Verhalten. Was ist anders? Den Unterschied macht der Mensch: Für ihn sind Tricks spaßige, aber häufig doch eher unsinnige Verhaltensweisen, Grundgehorsamsübungen jedoch eine ernste und für den Alltag sehr wichtige Angelegenheit.

Die Reaktion macht’s

Der Mensch reagiert unterschiedlich, wenn eine Übung nicht klappt: Beim Trick ist das für ihn nicht so schlimm, vielleicht wird sogar noch gelächelt, wenn der Vierbeiner ihn nicht umsetzen kann oder ihn nicht zeigen mag. Wenn der Hund sich aber auf Verlangen nicht hinlegt oder er ständig an der Leine zieht, macht sich beim Zweibeiner schnell Frustration breit.

Dem Hund bleiben diese Reaktionen natürlich nicht verborgen, und so ist für ihn das Üben von Tricks zweifellos viel **entspannter** als das Üben von den Signalen des Grundgehorsams. Warum also nicht dem Hund genauso wie bei den Tricks auf eine spielerische Art die wichtigsten Signale beibringen? Damit erhalten Sie nicht nur die Basis für ein schönes Miteinander von Hund und Mensch. Ein wedelnder Hund und ein Lachen auf Ihrem Gesicht sind ein schöner Nebeneffekt.

Schöne Aussichten

Ihr Vierbeiner kommt auf Ihren Rückruf freudig angerannt und lässt dafür alles andere liegen und stehen. Ist das nicht eine schöne Vorstellung? Mit spielerischem Lernen legen Sie eine **Basis** für das ganze Hundeleben. Hunde, die schon als Welpe spielerisch lernen durften, sind motivierter mitzuarbeiten und lernen lieber mit ihrem Menschen zusammen. Sie wollen lernen, weil es Spaß macht! Ihr ganzes Hundeleben lang.

Die manchmal beinah atemberaubende Energie von Welpen kann durch Spiel in wunderbare Bahnen gelenkt werden.

Was beim Spielen passiert

Mithilfe von spielerischem Lernen sind unglaubliche Leistungen möglich. Blindenhunde, Drogenspürhunde oder Diabetikerwarnhunde können alle spielerisch ausgebildet werden. Doch warum ist Spielen so **effektiv**? Beim Spielen werden nicht nur neue Erfahrungen gespeichert, sondern auch Hormone ausgeschüttet, die Glücksgefühle hervorrufen! Und je mehr eine Information mit positiven Gefühlen verbunden ist, desto öfter wird sie durch die Bildung neuer Kontaktstellen zwischen Nervenzellen im Gehirn gespeichert. Das durch Spiel neu erlernte Verhalten wird demnach nicht nur schneller gelernt, sondern gleich noch im Langzeitgedächtnis gespeichert.

Warum führt Strafe nicht immer zum Erfolg?

Erziehen Sie Ihren Welpen mit einer Belohnung als positive Verstärkung, erlernt er ein neues, von Ihnen erwünschtes Verhalten. Bei einer Strafe lernt er nur, ein Verhalten zu **vermeiden** oder seinen Menschen auszutricksen. Wollen Sie ihm etwa beibringen stubenrein zu werden, indem Sie ihn für eine Pfütze in der Wohnung anschreien, hat er unter Umständen nur gelernt, nicht mehr in Ihrer Nähe in die Wohnung zu machen, und wird das nächste Geschäft vielleicht gut versteckt hinter dem Sofa verrichten. Nehmen Sie Ihren Welpen aber hoch und setzen ihn für sein Geschäft in den Garten und spielen Sie danach mit ihm, bringen Sie ihm gleich ein Alternativverhalten bei: Er lernt, nach draußen zu gehen.

Spielerisch kann ein Hund Unglaubliches lernen!

Der kleine Yakajo arbeitet selbstbewusst und freudig mit.

Zu diesem Buch

Sie dürfen Ihren Welpen gerne fordern, denn kleine Mutproben steigern seine Selbstsicherheit. Meistert er die verschiedenen Herausforderungen der Spiele dieses Buches, fördert dies sein Selbstvertrauen und er wird selbstbewusster durch den Alltag gehen. Ihr Welpe merkt, dass die unterschiedlichsten Situationen mit Ihnen an seiner Seite immer gut ausgehen und ihm eine Menge Spaß bereiten – mit positiven Auswirkungen auf die Beziehung.

Unser Tipp

Lesen Sie das hier weiter, bevor Sie mit den Spielen beginnen. Erfahren Sie, was Spiel überhaupt ist, und lernen Sie, richtig mit Ihrem Hund zu spielen. In Kapitel zwei lernen Sie viele Spiele zur Leinenführigkeit und zum Rückruf kennen, diese sind ideal für den Einstieg und wichtig für den Alltag. Das dritte Kapitel bietet Spiele, für die Ihr Welpe mehr Geduld und Selbstbeherrschung benötigt und lernt, sich innerhalb der Familie zurückzunehmen. In Kapitel vier erfahren Sie, wie Sie Ihrem Welpen an sein neues Leben gewöhnen und mit ihm die Welt entdecken.

Allgemeine Trainingstipps

Welpentraining kann ganz einfach sein, wenn Sie auf folgende Punkte achten: den richtigen Einsatz von Belohnungen, das richtige Timing und das richtige Locken.

Futterbelohnungen

Futter ist für die meisten Hunde eine tolle Belohnung. Welches Futter infrage kommt, ist unterschiedlich. Einige Welpen werden erst beim Geruch von Leberwurst aktiv, andere können sich bei dieser Superbelohnung nicht mehr konzentrieren. Erstellen Sie eine individuelle **Futterrangliste** für Ihren Welpen! Sie brauchen: verschiedene Futterbelohnungen, beispielsweise kleine Käsestücke, Stücke vom Trockenfutter und eine Tube mit Hundeleberwurst. Nehmen Sie nun ein Käsestück in eine Hand und Trockenfutter in die andere. Lassen Sie Ihren Welpen kurz am Käse riechen und versuchen Sie, ihn mit der Hand mit dem Trockenfutter wegzulocken. Funktioniert dies nicht, liegt bei Ihrem Hund der Käse höher im Kurs als das Trockenfutter. Testen Sie dies mit den verschiedensten Leckereien und notieren Sie den jeweiligen Beliebtheitsgrad.

Welches Leckerli motiviert Pepe am meisten?

Timing

Damit Ihr Welpe Sie verstehen kann, ist es wichtig, ihn im richtigen Moment zu belohnen. So bekommt er die Rückmeldung, es richtig gemacht zu haben. Geben Sie ihm die Belohnung innerhalb von 0,5 Sekunden nach dem erwünschten Verhalten, kann er eine Verknüpfung herstellen.

Beispiel: Ihr Welpe soll Platz machen. Er legt sich dabei zuerst hin, springt Sie dann an und bekommt in diesem Moment das Leckerchen. Vielleicht versteht er: „Frauchen gibt mir Futter, wenn ich hochspringe – das findet sie wohl richtig gut." Versuchen Sie deshalb, Ihrem Hund dann die Belohnung zu geben, wenn er das gewünschte Verhalten zeigt. Hier wäre das, während er noch liegt.

Locken

Mit Futter oder Spielzeug können Sie Ihren Hund in eine bestimmte Position locken, das ist für viele Spiele und Übungen eine schöne Hilfe. Denn der Hund bekommt eine Idee von dem gewünschten Verhalten. Beim Locken sollte das **Futterstück** aus dem Nichts vor seinem Maul auftauchen und die Hand nach dem Fressen schnell wieder verschwinden. So wird der Hund nicht zu sehr auf das Futter fixiert.

Üben Sie das Locken beim Trick „Dreh", dabei soll Ihr Welpe sich um seine eigene Achse drehen. Halten Sie ihm ein Leckerchen vor die Nase und geben Sie es ihm. Schnell wandert Ihre Hand wieder hinter den Rücken und erscheint wieder an einem anderen Punkt des Kreises mit einem Leckerchen. Zeigen Sie das Leckerli immer an einem anderen Futterpunkt.

Beim Locken bekommt der Welpe eine erste Idee vom Trick.

Trainingsspiel für Menschen

Hatten Sie nicht auch schon einmal den Wunsch, die Gedanken Ihres Hundes lesen zu können? Mit diesem Spiel erleben Sie am eigenen Körper, wie Lernen abläuft.

So lernt Ihr Hund

Wundern Sie sich manchmal, warum Ihr Hund beim Lernen nicht weiterkommt und immer den gleichen Fehler macht? Dieses Spiel hilft Ihnen nachzuvollziehen, welche Leistungen Ihr Hund vollbringen muss, um zu verstehen, was Sie ihm mitteilen möchten. Das Schöne an diesem Lernspiel ist, dass jede Tierart gleich lernt. Und in dem Fall ist der Mensch auch nur ein Tier!

So wird gespielt

Was Sie dafür brauchen:

- einen Spielpartner
- Gummibärchen oder eine andere Süßigkeit

In diesem Spiel sollen Sie einem Mitspieler, der den Part des Hundes übernimmt, etwas beibringen. Das Lobwort ist „Click“. Immer dann, wenn Ihr Mitspieler etwas richtig gemacht hat, sagen Sie „Click“ und er bekommt ein Gummibärchen als Belohnung.

Für den Anfang ist das Verhalten „Hebe deinen rechten Arm“ bereits eine Herausforderung für sie beide. Stellen Sie sich nun „Hebe deinen rechten Arm“ als ein Daumenkino vor. Am Anfang sieht man nur einen Menschen, der in einem Raum steht. Im zweiten Bild spannen sich die Muskeln am rechten Arm minimal an. Einige Bilder weiter wird der rechte Arm etwas angehoben, auf jedem weiteren Bild etwas höher, bis er auf dem letzten Bild vollständig nach oben gestreckt wird.

Spielerisches Lernen macht nicht nur Hunden Spaß.

- Erklären Sie Ihrem Mitspieler, dass er etwas richtig gemacht hat, wenn Sie „Click" sagen. Mehr Infos bekommt er nicht, denn er soll ja erraten, was von ihm erwartet wird.
- Bewegt Ihr Mitspieler minimal den rechten Arm, sagen Sie sofort „Click". Bleiben Sie bei diesem Schritt, bis er verstanden hat, dass es um den rechten Arm geht. Sie merken, dass er eine erste Ahnung hat, wenn er immer häufiger seinen rechten Arm bewegt.
- Als nächstes sagen Sie „Click" nur noch, wenn sich der Arm etwas in die Höhe bewegt hat. Ihr Mitspieler muss seinen Arm nun immer höher heben, damit er das Lobwort hört. Hat er dies verstanden, wird er ihn bald ganz nach oben strecken.

Wie war das für Sie, einen Menschen zu trainieren? War es einfach oder sind Sie an einem bestimmten Schritt nicht weitergekommen? Wie hat Ihr Mitspieler sich gefühlt? War ihm verständlich, was Sie von ihm wollten oder wurde er verunsichert? Wenn Sie an einem bestimmten Schritt nicht weitergekommen sind, fragen Sie, was er dachte, was von ihm erwartet wird. Vielleicht können Sie so herausfinden, was das Problem war.

Tipp

Erste Übungen

Einfache Verhalten für den Anfang sind: Arm heben, Bein heben oder sich im Kreis drehen. Stellen Sie sich dazu immer ein Daumenkino vor, damit Sie sehen können, aus welchen Bildern das Verhalten besteht. Tauschen Sie die Rollen und erhalten Sie Einblicke in die Sichtweise Ihres Hundes.

Top 10 der Belohnungsspiele

Spielen ist eine tolle Belohnung. Doch während es für einen Hund das Highlight ist, ein Leckerli zu jagen, packt ein anderer es lieber aus. Was gefällt Ihrem Welpen?

Für jeden Hund das richtige Spiel

Was als Belohnung wahrgenommen wird, richtet sich nach den **individuellen** Bedürfnissen und Vorlieben eines Welpen. Um ihn richtig belohnen zu können, müssen Sie wissen, was ihm auch richtig viel Freude bereitet.

Testen Sie deswegen verschiedene Spiele als Belohnung und erweitern Sie das Spielrepertoire Ihres Welpen. Bei der Auswahl der Spiele können Sie flexibel sein. Einige Spiele werden von fast allen Welpen als „besonders empfehlenswert" verbucht. Hier stellen wir Ihnen die Top 10 der Belohnungsspiele vor.

Die Top-10-Spiele

1. Werfen Sie ein Leckerli in Laufrichtung Ihres Welpen und lassen Sie es rollen. Ihr Welpe darf es jagen. Dieses Spiel bietet sich z. B. als Belohnung nach einem erfolgreichen Rückruf an.
2. Veranstalten Sie ein Rennspiel mit Ihrem Welpen und laufen Sie zusammen ausgelassen einen Weg entlang oder über eine Wiese. Das ist prima, wenn Ihr Welpe brav „Sitz" befolgt und Sie ihn ableinen – so bleibt er auch ohne Leine aufmerksam bei Ihnen.
3. Lassen Sie Ihren Kleinen bei einem Intelligenzspiel Leckerlis erschnüffeln. Intelligenzspiele sind sinnvoll, wenn Ihr Hund ruhig weiterarbeiten soll, z. B. nachdem er lieb auf seiner Decke gewartet hat.
4. Suchen Sie gemeinsam mit Ihrem Welpen Mauselöcher und lassen Sie ihn diese erkunden, z. B. auf dem Spaziergang nach einer Sitzübung.

Über den Boden rollende Leckerlis zu jagen macht Spaß!

5. Geben Sie Ihrem Welpen Gelegenheit zu buddeln – natürlich nur dort, wo es erlaubt ist. Das bietet sich z. B. nach einem gelungenen Rückruf an.
6. Lassen Sie Ihren Kleinen mit anderen Welpen spielen, z. B. nach einem gelungenen Rückruf, „Sitz“ oder „Platz“.
7. Verstecken Sie Leckerlis im Garten oder in der Wohnung. Ihr Welpe darf sie z. B. nach einer Sitz- oder Platz-Übung suchen.
8. Legen Sie ein Zerrspiel mit einem Fleecetau ein. Das ist ein tolles Spiel nach dem Ableinen, so bleibt Ihr Welpe bei Ihnen.
9. Werfen Sie einen Ball und lassen Sie Ihren Welpen hinterherlaufen. Ein prima Spiel z. B. nach einer Sitzübung.
10. Packen Sie Leckerchen in Zeitungspapier ein, Ihr Welpe darf auspacken. Ideal nach einer Trainingseinheit zu Hause.

Eine eigene Rangliste erstellen

Finden Sie die Rangliste der Top 10 Ihres Welpen heraus. Was macht Ihrem Welpen besonders viel Freude? Mit dieser Rangliste können Sie ihm für anspruchsvolle Übungen besonders beliebte Belohnungen geben und bei einem einfachen Verhalten etwas uninteressantere.

Freudig apportiert Yakajo sein Spielzeug.

Zerren – aber richtig

Ein Spiel soll Spaß machen: Sie und Ihr Hund sind gemeinsam aktiv und werden ein noch besseres Team. Das gilt auch für Zerrspiele – dabei wird voller Einsatz gezeigt.

Die Zerrspielregeln

Damit für alle Spielparteien der Spaßfaktor gegeben ist, gibt es in jedem Spiel Regeln, an die sich Hund und Mensch halten müssen. Bei Zerrspielen ist das von besonderer Bedeutung! Deswegen gibt es dabei drei goldene Regeln:

- Der Hund darf erst mit dem Startsignal in das Zerrspielzeug beißen.
- Haut ist tabu!
- Nach dem Signal zum Auslassen ist das Spiel beendet.

Warten auf das Startsignal zum gemeinsamen Spiel.

Die Spielvorbereitung

Was Sie dafür brauchen:

- ein Tau zum Zerren
- Leckerli

Das Signal für den Spielstart ist „Attacke“.

Bevor Sie mit Ihrem Hund zerren, muss er die erste Regel lernen.

1. Sie stehen direkt bei Ihrem Hund. Halten Sie das Tau ganz ruhig in Ihrer Hand. Geben Sie Ihrem Hund immer dann ein Leckerli, wenn alle vier Pfoten auf dem Boden sind. So wird das Stehen bestätigt und er lernt ganz schnell, Sie nicht anzuspringen.
2. Bewegen Sie nun das Tau leicht. Sind alle vier Pfoten auf dem Boden, gibt es eine Belohnung.
3. Wiederholen Sie Schritt 2, steigern Sie dabei aber langsam die Bewegung des Taus.
4. Lassen Sie das Tau zu Boden fallen. Geht Ihr Hund nicht zum Tau, bekommt er sofort ein Leckerchen. Wenn das funktioniert, sind Sie beide bereit für das Zerrspiel.

Finja gibt im Zerrspiel alles.

Das Spiel

1. Sagen Sie „Attacke". Jetzt darf Ihr Hund in das Tau beißen. Animieren Sie ihn dazu, indem Sie das Tau über den Boden ziehen und kleine schnelle Bewegungen machen. Geben Sie aber Ihrem Hund auch die Chance, das Tau zu packen.
2. Beim Spiel ist alles erlaubt, solange Ihr Hund nicht mit seiner Schnauze Ihre Haut berührt. Wenn dies der Fall ist, beenden Sie sofort das Spiel. Ihr Hund lernt: „Berühre ich die Haut, ist das Spiel zu Ende."
3. Lassen Sie das Tau einmal los und rennen vor Ihrem Hund weg. Kommt er Ihnen hinterhergelaufen, schleichen Sie sich ihm wieder an und greifen nach dem Tau.

Das Spiel beenden

1. Halten Sie das Tau ganz ruhig, dadurch wird es für Ihren Hund unattraktiv.
2. Nehmen Sie ein Leckerli in die andere Hand und halten es neben die Hundenase. Sobald Ihr Hund das Maul öffnet, sagen Sie Ihr Auslasssignal und geben ihm das Leckerli.
3. Wiederholen Sie Schritt 2, diesmal haben Sie kein Leckerli in der Hand. Lässt Ihr Hund das Tau los, geben Sie ihm ein Leckerli aus Ihrer Tasche.

Hat Ihr Hund Ihnen das Tau gegeben, befinden Sie sich automatisch wieder beim „Anfang von Spiel". Ihr Hund sollte das Tau nun nicht mehr ohne Ihr Startsignal greifen.

Intelligenzspiele

Bei Intelligenzspielen ist das Nachdenken Ihres Hundes gefragt: Damit er an ein Leckerli gelangt, muss er geschickt Pfote oder Schnauze einsetzen.

Durch das Lösen von Intelligenzspielen haben die Hunde nicht nur Spaß, sie werden auch vom Kopf her ausgelastet und erlangen mehr Selbstbewusstsein.

Drehflasche

Was Sie dafür brauchen:

- Leckerlis
- eine Kunststoffflasche
- einen Stab

1. Bohren Sie auf halber Höhe der Flasche jeweils ein Loch in die gegenüberliegenden Seiten und stecken Sie den Stab hindurch.
2. Legen Sie ein Leckerli in die Flasche.
3. Halten Sie den Stab fest und drehen Sie die Flasche so weit, dass das Futterstück herausfällt, wenn Ihr Hund sie leicht mit der Pfote oder der Nase anstupst.
4. Hat Ihr Hund verstanden, dass er eine Pfote oder seine Nase benutzen muss, halten Sie das Denkspiel so fest, dass er die Flasche deutlich bewegen muss, bevor ein Leckerli herausfällt.

So wird's schwieriger: Bohren Sie mehrerer Löcher in die Flasche. Je weiter oben die Stange befestigt wird, desto schwieriger ist es, die Flasche zu drehen.

Keks-Schachtel

Was Sie dafür brauchen:

- eine Kordel
- eine leere Kekspackung mit einer Kunststoffschale, die wie eine Schublade herausgezogen werden kann

1. Bohren Sie ein Loch vorne in die Schale und befestigen Sie eine Kordel daran.
2. Ziel ist, dass der Hund an der Kordel zieht, um die Schale aus der Schachtel herauszubekommen. In die Schale werden Leckerlis gelegt. Stecken Sie dazu die Schale nur so weit in die Schachtel, dass Ihr Hund gerade noch mit der Nase in die Schachtel gehen kann.
3. Verkleinern Sie schrittweise den Spalt zwischen Schale und Schachtel.
4. Bald wird Ihr Hund seine Zähne benutzen, um die Schale herauszuziehen. Steckt die Schale komplett in der Schachtel, muss Ihr Hund die Kordel in

Hochkonzentriert schnüffelt Pepe an der Drehflasche.

Was da wohl drin ist?

Pepe achtet genau auf den Weg des Futterstücks

die Schnauze nehmen, um die Schale herausziehen zu können und das Leckerli zu bekommen.

5. Zieht Ihr Hund zunächst nur zaghaft an der Kordel, können Sie ihm helfen, indem Sie die Schale von der anderen Seite leicht zu ihm drücken.

So wird's schwieriger: Legen Sie das Leckerli immer weiter nach hinten in die Schale, Ihr Hund muss dann länger an der Kordel ziehen.

Freier Fall

Voraussetzung: Keks-Schachtel-Spiel

Was Sie dafür brauchen:

- eine Küchenpapier-Pappröhre
- eine Schere
- stabile Pappe
- Leckerlis

1. Schneiden Sie zwei gegenüberliegende Schlitze in die Pappröhre. Schneiden Sie dann einen Pappstreifen aus, den Sie durch die beiden Schlitze stecken. Der Pappstreifen muss so lang sein, dass Ihr Hund ihn ohne Kraftaufwand mit der Schnauze aus der Röhre ziehen kann.
2. Legen Sie ein Leckerli von oben in die Pappröhre. Ziel ist, dass Ihr Hund den Pappstreifen so weit herauszieht, dass das Leckerli zu Boden fällt. Stecken Sie den Streifen nur so weit hinein, dass das Leckerli schon bei einer kleinen Berührung fällt.
3. Klappt das, schieben Sie die Streifen immer weiter hinein, damit Ihr Hund richtig ziehen muss.

So wird's schwieriger: Stecken Sie mehrere Pappstreifen in die Rolle.

Tipp

Weiß Ihr Hund nicht, was er mit dem Streifen machen soll, hilft es ihm, wenn Sie etwas Hundeleberwurst auf den Streifen schmieren.

Nasenspiele

Darf Ihr Hund mit seiner Nase arbeiten, können Sie ihn auf eine für ihn sehr erfüllende Weise auslasten, ohne dass er dabei unnötig aufgedreht wird.

Was die Nase angeht, ist Ihr Hund bereits ein Profi, denn sein Riechorgan ist um ein Vielfaches besser als das des Menschen. Wir Menschen können uns nicht einmal vorstellen, was Hunde alles mit Ihrer Nase wahrnehmen können.

Mit ganzem Körpereinsatz holt sich Holly das Leckerchen vom Ast.

Kamelle

Was Sie dafür brauchen:

› Leckerlis

1. Nehmen Sie eine Handvoll Leckerlis und lassen Sie die Futterstücke fallen. Ihr Hund darf sofort starten und die Leckerlis suchen, die auf dem Boden gefallen sind.
2. Nun wird die nächste Handvoll Leckerlis in die Luft geworfen. Ihr Hund muss nun ein weiteres Feld absuchen, um alle Futterstücke zu finden.

So wird's schwieriger: Werfen Sie die Leckerlis weiter weg, das vergrößert die Suchfläche. Ändern Sie den Suchuntergrund: Steine und Fliesen sind einfacher als Wiese oder Sand.

3D-Fährte

Was Sie dafür brauchen:

› Leckerlis

1. Gestartet wird mit einer Futterspur. Die Leckerlis werden in einem Abstand von ca. 10 cm hintereinandergelegt. Läuft Ihr Hund sofort den Weg mit den Leckerlis ab und frisst alle auf?
2. Vergrößern Sie den Abstand zwischen den einzelnen Leckerlis und bauen Sie Kurven ein.
3. Legen Sie die Spur über größere Steine, damit Ihr Hund bei der Suche klettern muss. Ist auch das keine Herausforderung für ihn?
4. Dann stecken Sie die Leckerlis an Äste von Sträuchern. Ihr Hund muss nun ordentlich die Nase gebrauchen, damit er alle Futterstücke findet.

Tipp: Warten Sie nach dem Legen der Spur mindestens 10 Minuten, bis Ihr Hund ihr folgen darf, denn der Geruch des Futters muss sich zuerst entfalten können.

Futtersuche für Wasserratten

Was Sie dafür brauchen:

› eine flache Schüssel
› Wasser
› Leckerlis, die im Wasser untergehen

Mutig taucht Finja nach den Leckerchen.

Tipp

Haben Sie ein Planschbecken? Dann kann Ihr Hund sogar während der Suche mit allen Pfoten im Wasser stehen.

1. Legen Sie ein Leckerli in die Schüssel. Ihr Hund darf zunächst das Futterstück einfach aus der Schüssel fressen.
2. Geben Sie nun so viel Wasser dazu, bis der Boden der Schüssel leicht bedeckt ist. Frisst Ihr Hund ohne Probleme das Leckerli?
3. Dann können Sie die Schüssel mit Wasser füllen und die Leckerlis hineinlegen. Taucht Ihr Hund für die Leckerchen vollständig mit dem Kopf unter Wasser? Geben Sie ihm die Zeit, die er braucht, um mit dem Kopf im Wasser zu suchen. Für manche Hunde ist das eine richtige Herausforderung.

An die Leine, fertig, los!

Das Anleinspiel

Das Spiel

Der Hund lernt, freudig zur Leine zu laufen und sich dort ruhig zu verhalten, bis Sie in Ruhe Schuhe und Jacke angezogen und ihn angeleint haben.

Was Sie dafür brauchen:

› Halsband oder Geschirr
› Leine
› Leckerlis

Schritt für Schritt

1. Ihr Hund trägt ein Halsband oder ein Geschirr. Die Leine liegt auf dem Boden. Sie befinden sich mit Ihrem Hund in einem Abstand von ca. 1 m zur Leine.
2. Sie werfen ein Leckerli auf die Leine, Ihr Hund soll das mitbekommen. Nachdem er das Leckerli gefressen hat, werfen Sie das nächste Leckerli. Sie wiederholen diesen Schritt 10- bis 15-mal.
3. Nun warten Sie ab, bis Ihr Hund das erste Mal etwas in Richtung Leine schaut. Sofort werfen Sie ein Leckerli auf die Leine. Wiederholen Sie das, bis Ihr Hund sich von alleine zur Leine bewegt.
4. Verschieben Sie die Leine leicht und wiederholen Sie Schritt 3.
5. Ab jetzt warten Sie, bis Ihr Hund zur Leine gelaufen ist und dort 1 bis 3 Sekunden verweilt. Erst jetzt werfen Sie das Leckerli.
6. Ihr Hund zeigt sicher Schritt 5: Diesmal gehen Sie zu Ihrem Hund hin und legen das Leckerli auf dem Boden. Während Ihr Hund frisst, leinen Sie ihn an. Verharrt Ihr Hund weiter, geben Sie ihm das nächste Leckerli auf dem Boden.

Tipp

Schneller oder ruhiger

Wenn Sie wollen, dass Ihr Hund schneller zur Leine läuft, dann wiederholen Sie öfter Schritt 4. Damit Ihr Hund ruhiger wird, sollten Sie den Schwerpunkt des Spiels auf Schritt 5 und 6 legen.

Yakajo hat gelernt, dass es sich lohnt bei der Leine zu warten.

Fersengeld

Das Spiel

Ziel des Spiels ist das Erlernen der Fußarbeit. Der Hund soll auf der linken Seite des Menschen an lockerer Leine in Höhe des Oberschenkels laufen. Möchten Sie, dass er auf der rechten Seite läuft, führen Sie die einzelnen Schritte spiegelverkehrt durch.

Was Sie dafür brauchen:

- Halsband oder Geschirr
- 2-m-Leine
- Leckerlis

Schritt für Schritt

1. Ihr Hund ist angeleint und befindet sich auf Ihrer linken Seite. Die Leine halten Sie in der rechten Hand. Das Futter ist bei Ihnen links in einer Tasche. Sie füttern mit der linken Hand.
2. Sie legen ein Leckerli neben Ihre linke Ferse. Sobald Ihr Hund das Leckerli gefressen hat, legen Sie das nächste Leckerli neben Ihre linke Ferse. Wiederholen Sie das 10-mal.
3. Sie legen ein Leckerli neben Ihre linke Ferse. Während Ihr Hund das Leckerli sucht, gehen Sie einen Schritt nach vorne. Legen Sie das nächste Leckerli neben Ihre Ferse, sobald Ihr Hund das zuvor gesuchte Leckerli gefressen hat. Dabei müssen Sie sehr schnell sein, da Ihr Hund sich beeilen wird.
4. Wiederholen Sie Schritt 3, diesmal gehen Sie drei Schritte.
5. Damit das Spiel für Ihren Hund spannend bleibt, variieren Sie die Anzahl Ihrer Schritte. Dadurch wird es für Ihren Hund wie das Warten auf den Lottogewinn, doch bei diesem Spiel gewinnt Ihr Hund immer.

Tipp

Blickkontakt üben

Geben Sie das Leckerli in dem Moment, wenn Ihr Welpe fertig gefressen hat und in Ihre Richtung schaut. Zögern Sie die Futtergabe immer weiter heraus. Ziel ist, dass Ihr Hund nicht nur beim Herankommen den Blickkontakt sucht, sondern Sie auch ständig anschaut, während er neben Ihnen geht.

Geht auch ohne Leine: Pepe läuft zur linken Ferse, um sich das Futter abzuholen.

Schon kommt Pepe in Erwartung eines neuen Leckerchens hinterhergelaufen.

Als Belohnung darf er ein rollendes Leckerchen jagen.

Spielplatzeffekt

Das Spiel

Wenn Kinder spielen, überhören sie leicht die zum Aufbruch rufende Mutter. Spielt Ihr Welpe mit Artgenossen, ist es ähnlich: Im Trubel passiert es leicht, dass er Sie überhört. Im Folgenden üben Sie, mehr Aufmerksamkeit von Ihrem Hund zu bekommen, damit er sich an Ihnen orientiert.

Was Sie dafür brauchen:

› Leckerlis

Schritt für Schritt

1. Ihr Hund befindet sich vor Ihnen. Sie haben in der rechten Hand ein Leckerli.
2. Führen Sie die Hand mit dem Leckerli vor die Schnauze des Welpen. Interessiert er sich dafür, ziehen Sie die Hand seitlich hoch. Sobald Ihr Hund ein bisschen in Ihre Richtung schaut, bzw. sich von der Hand mit dem Futter wegbewegt, geben Sie ihm ein Leckerli. Dieser Schritt wird so lange wiederholt, bis Ihr Hund sofort zu Ihnen schaut, wenn Sie Ihren Arm seitlich bewegen.
3. Diesmal haben Sie kein Futter mehr in der Hand und bewegen auch nicht mehr die Arme. Sobald sich Ihr Hund in Ihre Richtung orientiert, loben Sie ihn und geben ihm ein Leckerli. Wiederholen Sie diesen Schritt so lange, bis Ihr Hund zügig und von alleine Blickkontakt zu Ihnen aufnimmt.
4. Nun haben Sie Ablenkung in Form eines zusätzlichen Hundes, von spielenden Kindern oder Ähnlichem. Wiederholen Sie Schritt 3.

Tipp

Kontaktaufnahme belohnen

Sie können als Belohnung für Ihren Hund auch selbst die Ablenkung geben. Spielt er beispielsweise mit Artgenossen und schaut ab und zu in Ihre Richtung oder läuft sogar zu Ihnen, geben Sie Ihm ein Leckerli und lassen ihn anschließend weiterspielen.

Entspannt liegen zu bleiben trotz fliegender Frisbeescheiben – kein Problem für Yakajo.

Streuseln

Das Spiel

Das Streuseln ist eine weitere Möglichkeit, Ihrem Welpen die Fußarbeit beizubringen. Der Unterschied: Beim Fersengeld konzentriert Ihr Hund sich auf Ihre linke Ferse. Beim Streuseln lernt er, Sie direkt anzuschauen.

Was Sie dafür brauchen:

- Halsband oder Geschirr
- 2-m-Leine
- Leckerlis

Schritt für Schritt

1. Ihr angeleinter Hund ist an Ihrer linken Seite. Sie haben die Leine in der rechten Hand. Das Futter befindet sich in Ihrer linken Tasche. Sie füttern mit der linken Hand.
2. Ihre linke Hand ist mit Leckerlis gefüllt. Lassen Sie ein Leckerli so fallen, dass Ihr Hund das sieht und es frisst. In dem Moment, wenn Ihr Hund aufgefressen hat, lassen Sie das nächste Leckerli fallen. Wiederholen Sie das 5-mal.
3. Sie wiederholen Schritt 2, nur dass Sie jetzt das Leckerli erst dann fallen lassen, wenn Ihr Hund Sie anschaut. Geschieht dies innerhalb von drei Sekunden, gehen Sie zum nächsten Schritt.
4. Sie wiederholen Schritt 3. Diesmal rollen Sie das Leckerli abwechselnd in verschiedene Richtungen.
5. Sobald Ihr Hund dem Leckerli nachläuft, gehen Sie weiter. Holt Ihr Hund auf und schaut Sie dabei an, werfen Sie das nächste Leckerli.
6. Verlängern Sie die Anzahl Ihrer Schritte, bis Sie das nächste Leckerli werfen.

Tipp

Die Richtung anpassen

Hat Ihr Hund einen Drang nach vorne, dann kullern Sie das Leckerli mehr nach hinten. Bleibt er zurück, sollten Sie die Leckerlis nach vorne rollen. Variieren Sie die Bahnen und die Geschwindigkeit beim Werfen, um mehr Spaß in das Spiel zu bringen.

Lucky Luke schaut mit großer Erwartung zum Menschen.

Zur Belohnung darf er ein rollendes Leckerchen jagen.

Während Lucky Luke frisst, wird schnell Distanz aufgebaut.

Leinenführung einmal anders

Mit Partyspielen wird die Leinenführung auf eine harte Probe gestellt. Für diese Übungsspiele sollte Ihr Hund bereits auf einer fortgeschrittenen Stufe sein.

Eierlaufen

Was Sie dafür brauchen:
- Leine
- Halsband
- Löffel
- Ei
- Stoppuhr
- Kreide

Sie markieren eine Wegstrecke mit Kreide, die Sie mit Hund ablaufen möchten, diese kann gerade sein oder Kurven haben.

Ihr Hund ist angeleint. In einer Hand haben Sie seine Leine, in der anderen einen Löffel mit einem Ei. Fällt das Startsignal, laufen Sie die Strecke ab, ohne dass das Ei auf den Boden fällt. Stoppen Sie die Zeit. Mit mehreren Teams können Sie sich ein richtiges Rennen liefern.

Luftschlangen-Parcours

Was Sie dafür brauchen:
- Halsband
- Luftschlangen
- Hindernisse
- Stoppuhr

Sie bereiten wie beim Eierlaufen eine Strecke vor. Bauen Sie diesmal Hindernisse ein, z. B. Stöcke auf dem Boden, einen Bogen um einen Stuhl oder einen Slalom um Getränkekisten. Leinen Sie Ihren Hund mit einer Luftschlange an, diese soll so lang sein wie die eigentliche Leine.

Für Fortgeschrittene kann das Eierlaufen auch ohne Leine geübt werden.

Ziel ist es, so schnell wie möglich den Parcours mit Ihrem Hund zu absolvieren, ohne dass die Luftschlange reißt, ob im Wettrennen gegen andere Teams oder als Lauf gegen die eigene Bestzeit.

Konzentration: Wird die Luftschlange als Leine standhalten?

Heiß und kalt

Was Sie dafür brauchen:

- mehrere Mensch-Hund-Teams
- Halsband
- Leine
- Schal
- Stuhl

Leinen Sie Ihren Hund an und verbinden Sie Ihre Augen mit dem Schal. Der Stuhl steht auf einer Wiese. Ziel ist es, dass Sie den Stuhl erreichen. Durch „heiß“ und „kalt“ geben die anderen Teams Feedback, ob Sie in die richtige Richtung laufen. Durch die verbundenen Augen spüren Sie die Leinenführigkeit viel besser und bekommen ein ganz neues Gespür für Ihren Welpen. Haben Sie den Stuhl erreicht, setzen Sie sich hin. Kann Ihr Hund bereits Signale wie „Sitz“ und „Platz“, können Sie am Ende eines dieser Signale geben. Nehmen Sie den Schal erst dann ab, wenn Sie meinen, dass Ihr Hund sich hingesetzt oder hingelegt hat.

Reise nach Jerusalem

Was Sie dafür brauchen:

- mehrere Mensch-Hund-Teams
- CD-Player
- Halsband
- Leine

Während eine Musik gespielt wird, laufen alle Teams mit den angeleinten Hunden kreuz und quer durcheinander. Stoppt die Musik, müssen alle sofort stehen bleiben. Das letzte Team, das erstarrt, scheidet aus, die anderen machen weiter. Verschiedene Kriterien für das Ausscheiden: z. B. der Hund, der sich zuletzt hinsetzt oder das Team mit der strammsten Leine oder das Team, dessen Hund beim Stoppen als letzter seinen Menschen anschaut. Für mehr Abwechslung können Sie nach jedem Durchgang das Kriterium ändern.

Der Klassiker

Das Spiel

Haben Sie gerade nicht viel Zeit für ein Spiel, wollen aber trotzdem den Rückruf mit Ihrem Hund üben? Dann ist der Klassiker eine schöne Variante, Ihren Vierbeiner zu überraschen. Ziel ist, dass der Hund auf ein Rufsignal sofort und auf direktem Weg freudig zu Ihnen läuft.

Was Sie dafür brauchen:

› Leckerlis

Schritt für Schritt

Überlegen Sie sich ein Rufwort. Im Folgenden wird „Hier“ gerufen. Zunächst wird nur in der Wohnung geübt, dort ist die Ablenkung gering.

1. Ihr Hund befindet sich in Ihrer unmittelbaren Nähe. Sagen Sie „Hier“ und geben Sie ihm sofort ein Leckerli. Wiederholen Sie dies 5-mal an unterschiedlichen Orten: in der Küche, im Flur, im Wohnzimmer usw.
2. Nun rufen Sie „Hier“, während Ihr Hund zufällig in Ihre Richtung läuft. Geben Sie ihm sofort ein Leckerli. Wiederholen Sie dies 30-mal an verschiedenen Orten. Ihr Abstand zum Hund beträgt maximal 3 m.
3. Ab jetzt sagen Sie „Hier“, wenn Sie ca. 5 m von Ihrem Hund entfernt sind. Er muss sich dabei nicht vorher für Sie interessieren oder in Ihre Richtung laufen. Achten Sie nur darauf, dass er gerade nicht schläft oder zu sehr abgelenkt ist.
4. Funktioniert Schritt 3 zuverlässig, können Sie Ihren Hund ab jetzt auch rufen, wenn die Ablenkung größer ist.

Tipp

Überraschen Sie Ihren Welpen

Nutzen Sie den Überraschungseffekt bei Ihrem Hund, wenn er gerade nicht damit rechnet, eine Chance auf ein Leckerli zu haben. Er wird lernen, dass es sich immer lohnt, zu Ihnen zu kommen, wenn sie Ihn rufen – und dass Sie immer ein Leckerli zur Hand haben.

Mit Höchstgeschwindigkeit läuft Pepe zu seinem Frauchen.

Wer rennt, gewinnt

Das Spiel

Das Zurückkommen des Hundes zu seinem Menschen soll Spaß machen. Ziel ist, dass Ihr Hund nur den einen Gedanken hat: „Ich muss so schnell wie nur möglich zu meinem Menschen!"

Was Sie dafür brauchen:

› Leckerlis

Schritt für Schritt

Denken Sie sich ein spaßiges Rufwort für Ihren Hund aus, z. B. „Scoubidubidou". Zunächst wird nur in der Wohnung geübt, da dort die Ablenkung gering ist.

1. Ihr Hund befindet sich direkt bei Ihnen. Sagen Sie „Scoubidubidou" und geben Sie ihm ein Leckerli auf dem Boden. Wiederholen Sie das 5-mal.
2. Sie sagen wieder das Wort und rennen 3 m weit weg. Folgt Ihr Hund Ihnen, legen Sie das Futter neben sich auf den Boden. Hat Ihr Hund das Futter gefressen, wiederholen Sie das einige Male.
3. Ihr Hund ist 4 bis 5 m von Ihnen entfernt. Sie rufen „Scoubidubidou" und rennen los. Hat er Sie eingeholt, geben Sie ihm das Leckerli auf dem Boden. Rennt er dabei sofort los und so schnell wie er kann, folgt Schritt 4.
4. Ihr Hund ist in einem anderen Raum. Sie sagen Ihr Rufwort und sobald er aus dem Raum herausläuft, rennen Sie los und geben ihm anschließend das Leckerli.
5. Sie sind jetzt bereit für eine neue Umgebung. Gehen Sie in den Garten und wiederholen Sie dort die Schritte 3 und 4.

Tipp

Wetten, dass ...

Steigern Sie die Ablenkung nur sehr langsam. Der Rückruf sollte immer funktionieren, da der Hund sonst lernen kann, dass er nicht immer kommen muss. Nur wenn Sie 1000 € darauf wetten würden, dass Ihr Hund auch hinter Ihnen hergelaufen kommt, sollten Sie Ihr Rückrufwort sagen.

Mit Freude wird die Verfolgungsjagd aufgenommen.

Abenteuerspaziergang Wald

Bei einem Abenteuerspaziergang quer durch den Wald finden sich in der natürlichen Umgebung tolle Gegebenheiten für das tägliche Training. Da kommt keine Langeweile auf.

Die Natur entdecken

Lockere Leine und Rückruf sind ja schön und gut, aber möchte man im Leben mit Hund nicht manchmal einfach nur Spaß haben? Überlegen Sie sich vor dem Spaziergang, worauf Sie mit Ihrem Hund heute Lust haben! Achtung: Welpen nehmen sich in der Regel keine Pause, wenn Sie nicht mehr können. Deswegen gilt als Faustregel: 5 Minuten Spaziergang pro Lebensmonat!

Der Nase folgen

Möchten Sie einfach nur an die frische Luft und Ihren Hund auslasten, ohne großartig auf die Leinenführung achten zu wollen?

Dann schnallen Sie Ihren Welpen an einer 5-m-Leine am Geschirr an. Hunde haben ein sehr gutes Körpergefühl. Sie können sich den Unterschied gut merken, dass Ordnung angesagt ist, wenn sie ein Halsband tragen und sie im Geschirr auch einmal ziehen dürfen. Damit Sie Ihren Hund nicht nur körperlich auslasten, lassen Sie ihn zwischendurch ruhig ein paar Suchspiele machen. Verstecken Sie z. B. Futterstücke in einem alten Baumstumpf oder legen Sie eine kleine Fährte. Nasenarbeit ist sehr anstrengend und lastet Ihren Hund geistig schnell aus.

Auf Abenteuersuche

Haben Sie jedoch Zeit und möchten Sie mit Ihrem Hund viele kleine Abenteuer erleben, dann achten Sie auf die Gegebenheiten in der Natur. Wenn Sie im Wald genau hinschauen, werden Sie fündig.

Such mich: Verstecken Sie sich ab und zu hinter einem Baum und lassen Sie sich von Ihrem Hund suchen wie beim Versteckspiel.

Parcours: Rufen Sie ihn über Hindernisse hinweg zu sich. Natürliche Hindernisse können auf dem Boden liegende Äste oder Bäume, aber auch ein kleiner Bach sein. Halten Sie die Lernschritte klein, damit der Welpe nicht überfordert wird, denn im Wald ist die Ablenkung extrem hoch.

Bodenarbeit: Lassen Sie ihn verschiedene Untergründe erkunden, wie Laub, Äste, Matsch und Moos. Alles fühlt sich unterschiedlich an und riecht ganz anders. Haben Sie bereits zu Hause mit Ihrem Hund z. B. „Sitz“ und „Platz“ geübt? Dann probieren Sie doch aus, ob das auch auf den verschiedenen Untergründen funktioniert.

Klettern: Ist Ihr Hund ein kleiner Klettermax und steckt seine Nase am liebsten in alles hinein? Vielleicht finden Sie einen umgekippten Baumstamm. Lassen Sie Ihren Hund darauf klettern. Locken Sie ihn in verschiedene Positionen oder einmal links und rechts im Kreis herum. Dadurch bekommt er ein besseres Körpergefühl und die Bindung zu Ihnen wird verstärkt.

Mutig wird der Bach überquert.

Lucky Luke beobachtet vom Baumstamm aus das Treiben im Wald.

Verstecken für Anfänger

Das Spiel

Verstecken ist ein schönes Spiel, um gleichzeitig den Rückruf zu üben und die Bindung zwischen Hund und Mensch weiter zu stärken. Sie werden einen wandelnden Gesichtsausdruck von Verwirrung bis hin zu wahrer Freude entdecken, während Ihr Hund Sie sucht und schließlich findet.

Was Sie dafür brauchen:

- Leckerlis
- Hilfsperson

Schritt für Schritt

Denken Sie sich ein spaßiges Rufwort für Ihren Hund aus, z. B. „Scoubidubidou". Üben Sie zuerst nur in der Wohnung, da dort die Ablenkung gering ist.

1. Sagen Sie Ihr Rufwort und geben Ihrem Hund ein Leckerli. Wiederholen Sie mindestens 5-mal.
2. Die Hilfsperson hält Ihren Hund fest. Sie befinden sich in unmittelbarer Nähe und laufen 3 bis 4 m weg. Sobald Sie stehen bleiben, rufen Sie und die Hilfsperson lässt Ihren Hund los. Ist er bei Ihnen angekommen, geben Sie ihm ein Leckerli.
3. Verstecken Sie sich hinter der geöffneten Zimmertür und wiederholen Sie Schritt 2. Ihr Hund darf Sie beobachten. Spielen Sie weiter mit fünf Verstecken dieser Schwierigkeitsstufe.
4. Verstecken Sie sich im Zimmer nebenan. Sobald Sie sich versteckt haben, rufen Sie „Scoubidubidou". Lauschen Sie, ob Sie Ihren Hund hören. Entfernt er sich von Ihrem Versteck, rufen Sie erneut. Hat er Sie entdeckt, geben Sie ihm ein Leckerli.

Tipp

Keine Ablenkung

Achten Sie darauf, dass auch in Ihrer Wohnung keine unnötige Ablenkung vorhanden ist. Entfernen Sie beispielsweise vor dem Spiel Kauknochen und Spielzeug Ihres Hundes.

Vielleicht hat sich Frauchen hinter dieser Ecke versteckt?

Verstecken für Fortgeschrittene

Das Spiel

Jetzt wird es anspruchsvoller. Ziel ist aber nicht nur das Auffinden des Menschen in schwierigeren Verstecken, es wird auch der erste Schritt in Richtung Vermisstensuche gelegt.

Voraussetzung: Verstecken für Anfänger (siehe Seite 40)

Was Sie dafür brauchen:

› Leckerlis
› Hilfsperson

Schritt für Schritt

Ablauf wie bei „Verstecken für Anfänger", doch die Hilfsperson gibt das Suchsignal („Such Hanna!"). Geübt wird im Garten.

1. Die Hilfsperson hält den Hund fest. Sie sind direkt daneben und laufen 3 m weg. Sobald Sie laufen, gibt die Hilfsperson das Signal und lässt Ihren Hund los. Ist er bei Ihnen angekommen, geben Sie ihm ein Leckerli.
2. Wiederholen Sie Schritt 1, diesmal verstecken Sie sich hinter einem Baum. Ihr Hund darf Sie dabei beobachten. Spielen Sie weiter mit fünf Verstecken dieser Schwierigkeitsstufe.
3. Halten Sie zu Beginn Ihrem Hund ein paar Leckerlis vor die Nase, so weiß er, was ihn am Ziel erwartet. Die Hilfsperson lenkt ihn ab, damit er nicht sieht, wo Sie sich verstecken und gibt das Suchsignal.
4. Zeigen Sie Ihrem Hund nun nicht mehr die Leckerlis, bevor Sie sich verstecken. Variieren Sie die Suche durch die Art Ihrer Körperhaltung, setzen Sie sich z. B. auf eine Mauer oder legen Sie sich auf den Boden.

Tipp

Nicht verwirren lassen

Wenn Sie das Spiel in Ihrer Familie spielen, achten Sie darauf, dass in den ersten Spielrunden immer nur dieselbe Person gesucht wird. So erleichtern Sie Ihrem Hund, das Spiel zu begreifen.

Endlich gefunden!

Hindernislauf

Das Spiel

Im Alltag ähnelt ein Tag dem anderen meist nur wenig. Ziel des folgenden Spiels ist es, den Hund auf die unterschiedlichen Gegebenheiten im Alltag vorzubereiten, sodass Hindernisse ihn nicht beim Zurückkommen aufhalten.

Voraussetzung: Verstecken für Anfänger (siehe Seite 40) oder Wer rennt, gewinnt (siehe Seite 36)

Was Sie dafür brauchen:

- Leckerlis
- Hilfsperson
- Hindernisse (Stühle, große Müllsäcke, Stöcke, Kartons oder Ähnliches)

Schritt für Schritt

1. Sie rufen Ihren Welpen mit einem spaßigen Wort, z. B. „Scoubidubidou“. Wiederholen Sie das mit 5 m Abstand.
2. Stellen Sie nun Stühle auf den Weg, sodass Ihr Hund sich durch die Stuhlbeine schlängeln muss, um zu Ihnen zu gelangen. Bei Ihnen angekommen, gibt es eine Belohnung. Variieren Sie die Hindernisse.
3. Nun muss Ihr Hund Hindernisse übersteigen. Legen Sie knisternde Folien aus und gehen Sie vor wie in Schritt 2. Variieren Sie die Hindernisse mit Ästen, Reifen und Ähnlichem.
4. Nun geht es mitten durch. Schneiden Sie zwei Löcher (jeweils eins in gegenüberliegende Seiten) in einen Karton, sodass Ihr Hund bequem hindurchlaufen kann. Stellen Sie den Karton in einen Türrahmen und üben Sie wie in Schritt 2. Klappt das gut, nehmen Sie einen neuen Karton und schneiden kleinere Löcher hinein, durch die Ihr Hund gerade noch durchpasst.

Noch kurz über die Folie laufen und dann geht es schnell weiter.

Tipp

Sicher herankommen

Je mehr verschiedene Situationen Ihr Hund lernt zu bewältigen, desto sicherer wird er im Alltag zu Ihnen kommen. Wenn er die einzelnen Schritte gut beherrscht, können Sie diese auch verbinden, z. B. indem Sie knisternde Folie in einen Karton legen.

Mutig rennt Pepe durch den Kartontunnel.

Abenteuerspaziergang Stadt

Das Läuten der Kirchenglocken, Menschenmengen, eine stark befahrene Straße: Aus Sicht des Welpen ist sein erster Besuch in der Stadt ein einziges großes Abenteuer.

Die Stadt entdecken

Nehmen Sie sich Zeit für die alltäglichsten Dinge, welche Ihnen bei einem Rundgang durch die Stadt begegnen und zeigen Sie Ihrem Welpen, wie schön eine Stadt für einen Hund sein kann.

Das Treiben beobachten

Wählen Sie für Ihren ersten Stadtbesuch mit Welpen eine Uhrzeit, wenn es dort noch nicht allzu belebt ist. Beobachten Sie zuerst gemeinsam das rege Treiben aus einer sicheren Entfernung, bevor Sie sich in die Menge begeben. Hierfür eignet sich besonders gut ein Café mit der Möglichkeit, draußen zu sitzen. So üben Sie mit Ihrem Welpen gleichzeitig noch den Besuch in einem Lokal. Oder Sie setzen sich einfach auf eine Bank. Überlegen Sie sich, was Sie zusammen alles an diesem Ausflugstag erledigen möchten und welche **Ablenkungen** und Hindernisse wohl auf Sie zukommen könnten. Denn die Stadt ist alleine durch die Vielzahl an Menschen und den Trubel eine ganz neue Erfahrung für Ihren Welpen und Sie wollen ihn ja nicht überfordern.

Bemerken Sie, dass eine Situation für Ihren Welpen zu viel wird, warten Sie ab, bis er ein sinnvolles Verhalten zeigt, er Sie z. B. anschaut, und nehmen Sie ihn anschließend aus der Situation heraus. Achten Sie beim nächsten Stadttraining darauf, dass Sie die Umwelt noch sensibler aus Hundesicht einschätzen.

Mit genügend Abstand und Rückendeckung durch Frauchen kann das Unbekannte beobachtet werden.

Aus Hundesicht kann ein Stadtbesuch sehr spannend sein.

Stadtabenteuer

Ein schönes kleines Abenteuer ist das Fahren mit einem Aufzug, mit einem gläsernen Aufzug wird es sogar noch anspruchsvoller. Spannend ist auch das Betreten oder Verlassen eines Geschäfts mit Schiebetür.

Gehen Sie mit Ihrem Hund im Laden durch die einzelnen Gänge. Achten Sie auf ihn, wenn Sie an einer Schaufensterpuppe vorbeigehen. Viele junge Hunde können die Puppen nicht einschätzen und reagieren mit Unsicherheit, denn sie sehen aus wie Menschen, bewegen sich aber nicht.

Stöbern Sie in einer Boutique. Schafft es Ihr Hund, sich hinzusetzen oder hinzulegen, während Sie sich das passende Kleidungsstück aussuchen? Gehen Sie dann mit ihm zusammen in eine Kabine. Viele Hunde kennen diese engen Situationen nicht.

Stadtregeln

Oft liegen Müll oder Essensreste auf den Boden. Passen Sie auf, dass Ihr Hund nichts davon frisst. Am Besten ist, wenn Sie solche Anlässe sofort für eine „Nein"-Übung (siehe Seite 68) nutzen.

Gerade beim Stadtbesuch ist es wichtig, zwischendurch Grünstreifen aufzusuchen, damit Ihr Hund die Möglichkeit bekommt, sich zu lösen. Geben Sie ihm ausreichend Zeit und bedenken Sie die ganzen spannenden Ablenkungen für Ihren Hund.

Spiele für 2: Pingpong

Das Spiel

Pingpong ist ein Rückrufspiel für die ganze Familie. Der Hund soll nicht nur auf eine Person hören, sondern jedes Familienmitglied als Ansprechpartner sehen. Ziel ist, dass der Hund sofort zu der Person rennt, welche ihn gerade gerufen hat.

Was Sie dafür brauchen:

- Leckerlis
- mehrere Mitspieler

Schritt für Schritt

Denken Sie sich ein spaßiges Rufwort für Ihren Hund aus, z. B. „Scoubidubidou".

1. Sagen Sie das Rufwort und geben Ihrem Hund sofort ein Leckerli. Jeder Mitspieler wiederholt das mindestens 5-mal.
2. Die Mitspieler stehen in einem Kreis mit einem Radius von ca. 3 m. Der Welpe ist in der Mitte. Der erste Mitspieler sagt das Rufwort. Läuft der Hund zu ihm, gibt er ihm ein Leckerli. Nachdem der Welpe gefressen hat, wird er vom nächsten Mitspieler gerufen usw. Dies wird wiederholt, bis der Welpe mehrmals bei jedem Mitspieler war und nach dem Ruf sofort zum jeweiligen Menschen gerannt ist.
3. Die Mitspieler verteilen sich in einem Zimmer, einer sitzt z. B. auf dem Sofa, der nächste steht vor dem Fernseher und ein anderer hockt auf dem Boden. Schritt 2 wird in den neuen Positionen wiederholt.
4. Die Mitspieler befinden sich in verschiedenen Zimmern und wiederholen Schritt 3. Der Welpe muss jetzt von Zimmer zu Zimmer laufen.

Das Pingpong-Spiel liefert eine hohe Belohnungsrate für Ihren Hund.

Spiele für 2: Wettrennen

Das Spiel

Durch Wettrennen steigt die Motivation bei Hund und Mensch. Ziel ist das Herankommen des Hundes zu seinem Menschen in höchster Geschwindigkeit, während neben ihm ein anderer Hund zu seinem Menschen läuft.

Voraussetzung: Ihr Hund kennt ein Rückrufwort und kommt sofort zu Ihnen gelaufen, wenn Sie das Wort gesagt haben.

Was Sie dafür brauchen:

- Leckerlis
- zwei Hilfspersonen
- ein weiteres Mensch-Hund-Team

Schritt für Schritt

1. Eine Hilfsperson hält Ihren Hund fest. Sie stehen in einem Abstand von ca. 5 m zu Ihrem Hund. Das andere Mensch-Hund-Team (mit dem Ihr Hund sich gut versteht) befindet sich hinter Ihnen. Sie rufen Ihren Welpen und belohnen ihn anschließend für das Herankommen.
2. Sie wiederholen Schritt 1, doch das andere Mensch-Hund-Team bewegt sich auf und ab.
3. Die beiden Hunde werden auf gleicher Höhe von den Hilfspersonen festgehalten. Deren Halter gehen in einem Abstand von ca. 5 m in entgegengesetzter Richtung auseinander. Auf ein gemeinsames Signal hin rufen beide Hundehalter gleichzeitig ihre Hunde. Die Hunde werden erst dann losgelassen, wenn sie in Richtung ihres rufenden Menschen schauen. Anschließend werden die Hunde belohnt.
4. Schritt 3 wird mehrmals wiederholt, doch die Hundehalter nähern sich immer etwas weiter an, bis sie letztendlich nebeneinanderstehen.

Tipp

Mit Vorbildern spielen

Spielen Sie nur mit einem sehr sicheren Mensch-Hund-Team. Denn Ihr Hund sollte keinen Erfolg durch ein Spiel mit dem anderen Hund haben, wenn er sich entscheidet, nicht direkt zu Ihnen zu laufen.

Gemeinsam rennt es sich schneller. Wer wird zuerst ins Ziel kommen?

Chaosrufen

Chaosrufen ist ein Rückrufspiel der besonderen Art. Hier geht es vor allem um den Aufbau und die Verstärkung der Bindung von Hund und Mensch.

Das Spiel

Chaosrufen ist ein Gemeinschaftsspiel und kann z. B. in der Hundeschule oder beim Welpentreff gespielt werden. Ziel des Spiels ist, dass alle Mitspieler den Namen ihres Welpen rufen und er sie dann aus dem ganzen Stimmengewirr heraussuchen und schließlich zu ihnen laufen soll.

Voraussetzung: Der Hund kennt bereits mindestens zwei beliebige Rückrufspiele.

Was Sie dafür brauchen:

- mehrere Mitspieler
- eine große Freifläche
- Versteckmöglichkeiten für jeden Mitspieler

Runde 1: Sie und alle Mitspieler gehen in ihre Verstecke. Die Hilfsperson hält Ihren Welpen fest. In der ersten Runde rufen nur Sie den Namen Ihres Hundes. Kommt er zu Ihnen gelaufen, wird er mit Futter oder einem Spiel belohnt.

Alle Mitspieler sind gut versteckt.

Runde 2: Nun wechseln Sie mit einem Mitspieler das Versteck. Auf ein Startsignal der Hilfsperson hin rufen nun Sie und ein Mitspieler den Namen Ihres Hundes. Jetzt muss der Hund herausfiltern, welche Stimme die Ihre ist. Ist er bei Ihnen angekommen, belohnen Sie ihn. Mit jeder neuen Runde rufen immer mehr Mitspieler den Hundenamen und Sie tauschen weiterhin das Versteck.

Spielregeln

Die Hilfsperson hat die Aufgabe, auf die Körpersprache des Hundes zu achten. Zeigt der Hund Stresssymptome, indem er sich z. B. kratzt oder gähnt, dann ruft er „Stopp!“ und nur noch der Hundehalter darf weiter den Namen seines Hundes rufen.

Ist Ihr Welpe besonders kontaktfreudig und freut sich über jeden versteckten Mitspieler, dann hört derjenige Mitspieler auf, den Namen des Hundes zu rufen, bei dem der Hund sich gerade aufhält.

Beim Chaosrufen müssen auch Sie sich etwas trauen und aus sich herauskommen. Hier gewinnt nicht unbedingt die schönste Stimme, sondern die, welche mit voller Kraft und Freude ruft. Denn wie soll Ihr Hund Ihre Stimme herausfiltern, wenn die anderen Mitspieler Sie übertönen?

Wenn das Spiel in der Hundeschule gespielt wird, benötigen Sie noch zusätzliche Hilfspersonen, welche die Hunde festhalten, die gerade nicht gerufen werden. Die Hunde können sich schnell sehr erregen, wenn Sie nicht mitspielen dürfen, Ihre Herrchen und Frauchen sich auf dem Platz verstecken und wild andere Hundenamen rufen. Deswegen sollen alle Hunden ein Leckerli bekommen, die sich leise und ruhig verhalten. Auf diese Weise bekommen sie eine angenehme Atmosphäre bei den Hunden.

Nach der Suche ist die Wiedersehensfreude riesig.

Übungen für mehr Geduld

Allein bleiben: Gitterball befüllen

Die Übung

Hunde sind soziale Wesen und werden schnell unsicher, wenn sie allein gelassen werden. Besonders Welpen müssen lernen, dass allein zu sein keine Gefahr bedeutet.

Was Sie dafür brauchen:

› Leckerlis
› einen Gitterball mit etwa 10 cm Durchmesser
› zehn Fleecestreifen à 5 x 20 cm

Schritt für Schritt

Passen Sie den Moment ab, wenn Ihr Welpe müde und entspannt ist: Meist ist das etwa 20 Minuten nach dem Spaziergang der Fall.

1. Vor den Augen Ihres Welpen rollen Sie die Leckerchen in die Fleecestreifen ein und stecken diese in den Gitterball.
2. Alternativ können Sie Ihrem Hund eine Ablenkung basteln, indem Sie gefüllte Papierstreifen z. B. in eine leere Küchenpapierrolle stecken.
3. Legen Sie den gefüllten Ball beispielsweise auf eine Kommode, wo Ihr Welpe ihn nicht erreichen kann und ziehen Sie Ihre Schuhe an.
4. Geben Sie Ihrem Welpen den gefüllten Ball und verabschieden Sie sich.
5. Während sich Ihr Hund mit dem Ball beschäftigt, verlassen Sie den Raum.
6. Ein bis zwei Minuten später erscheinen Sie wieder im Raum und begrüßen ruhig Ihren Welpen. Steigern Sie bei den nächsten Spielen langsam die Minutenzahl.

Tipp

Die ideale Trainingsdauer

Ideal: Sie kommen zurück und Ihr Hund spielt mit dem Ball oder schläft. Verkürzen Sie die Zeit des Alleinbleibens, wenn Ihr Welpe Sie bereits angespannt an der Tür erwartet.

Schnell ist ein Gitterball gefüllt.

Auspacken und dann schmecken lassen.

So lernt der Welpe Schritt für Schritt, dass alleine zu bleiben keine Gefahr bedeutet.

Allein bleiben: gefrorener Kong

Die Übung

Eine weitere und spannende Ablenkung, z. B. für das Alleinebleib-Training, ist ein mit Eis gefüllter Kong. Das Schlecken am Hundeeis macht Vierbeinern Spaß und wirkt außerdem beruhigend.

Was Sie dafür brauchen:

- ein Kong passend zur Größe Ihres Welpen

Füllung für einen mittelgroßen Kong:

- 3 Esslöffel Naturjoghurt
- 3 Esslöffel gekochtes Hühnerfleisch

Schritt für Schritt

1. Machen Sie den Kong interessant, indem Sie bei Ihrem Welpen für schnelle Erfolgserlebnisse sorgen. Füllen Sie dazu kleine Wurststückchen oder längere Leckerchenstangen in den Kong, die für Ihren Hund ganz einfach herauspurzeln.
2. Mischen Sie den Joghurt mit dem Hühnerfleisch und befüllen Sie den Kong damit. Bei vielen Welpen kommt dieses Rezept sehr gut an. Muss es einmal schneller gehen, können Sie das Spielzeug auch mit Dosenfutter oder Frischfleisch befüllen.
3. Stellen Sie den Kong in die Tiefkühltruhe.

Tipp

Standfest

Um den Kong einfacher befüllen zu können und am Umkippen zu hindern, können Sie ihn in einen Plastikbecher stellen und mit diesem in die Tiefkühltruhe.

Der gefüllte Kong lenkt den Welpen davon ab, dass er alleine ist.

Selbstbeherrschung lernen

Ein Welpe muss erst lernen, dass er erst dann etwas bekommt, was er will, wenn er sich kontrolliert. Ein Spiel geht erst los, wenn er sich brav hinsetzt und auf das Signal wartet.

Eine wichtige Grundlage

Aufmerksam und angespannt schaut der Terriermischling sein Frauchen an und wartet sitzend, bis sie ihm das Startsignal gibt. Erst jetzt läuft er los, rennt fröhlich durch einen Tunnel und apportiert anschließend seinen Ball.

Selbstbeherrschung ist eine besonders wichtige **Basis** für alle Bereiche des Hundetrainings. Hunde bringen diese Selbstbeherrschung von Natur aus nicht mit. Sehen sie ein Wurstbrot in der Hand eines Kindes, laufen sie hin und wollen es fressen. Läuft ein Hase während eines Spazierganges über den Weg, laufen Sie hinterher.

Hat ein Hund jedoch gelernt, sich zu beherrschen, wird er sich zurückhalten, wenn er den Wurstbrotgeruch in seine Nase bekommt und sich zu Ihnen umdrehen, wenn ein Kaninchen oder Reh über den Spazierweg läuft. Wie das funktioniert?

So lernt Ihr Hund Selbstbeherrschung

Mit einigen einfachen Übungen können Sie die Selbstbeherrschung Ihres Hundes in den Alltag einbauen.

Sie erinnern sich: Ein Hund wird ein Verhalten häufig zeigen, dass sich für ihn lohnt (siehe Seite 6). Erwischt Ihr Welpe das Wurstbrot vom Kind, hat sich sein Verhalten für ihn gelohnt: Er hat ein leckeres Brot gefressen. Deshalb müssen Sie Übungen

Selbstbeherrschung für Fortgeschrittene.

Einem entspannten und ausgeschlafenen Hund fällt Selbstbeherrschung leichter.

so **planen**, dass sich das Verhalten für den Hund lohnt und trotzdem Ihren Wünschen entspricht. Die Übungsplanung: Ein Hund sieht etwas sehr Attraktives und wird dafür belohnt, dass er abwartet. Der Hund möchte seinem ersten Impuls folgen, nimmt sich zusammen und wird dann belohnt. Ein Beispiel: Der Welpe möchte zum Wurstbrot laufen, er hält inne (vielleicht zunächst, weil er an einer Hausleine befestigt ist) und dreht sich zu Ihnen um – sofort wird er belohnt.

Wenn ein Hund am Tisch bettelt, dann nur, weil sich das schon einmal gelohnt hat. Und sei es nur, weil er einen Krümel vom Boden erhaschen konnte. Was aber, wenn der Hundekorb einige Meter vom Tisch entfernt steht und jedes Mal, wenn Sie essen, ein Stück Futter dorthin geflogen kommt? Die Wahrscheinlichkeit, dass sich Ihr Hund sich während Ihrer Mahlzeiten im Korb aufhalten wird, erhöht sich erheblich. Auf den nächsten Seiten finden Sie Schritt-für-Schritt-Übungen für höfliches Verhalten.

Tipp

Batterie aufladen

Kann sich Ihr Hund in einigen Momenten schon ganz gut beherrschen, in anderen gar nicht? Das ist ganz normal, denn Selbstbeherrschung kann sich aufbrauchen. Durch Entspannung, Schlaf und das richtige Futter mit Kohlenhydraten lädt sich die Batterie wieder auf. Kurze Übungseinheiten sind daher effektiver.

Höflichkeit trainieren

Die Übung

Lassen Sie sich von Ihrem Welpen durch höfliches Verhalten „anschalten". Sobald er ein gewünschtes Verhalten ausführt, führen Sie die vom Hund gewünschte Handlung aus. Trainieren Sie das spielerisch mit dem Ballspiel.

Was Sie dafür brauchen:

- ein Ball, den Ihr Hund im Maul festhalten kann
- Leckerlis

Schritt für Schritt

1. Machen Sie den Ball für Ihren Welpen interessant, indem Sie ihn einige Male von ihm wegrollen.
2. Wenn Ihr Welpe den Ball im Maul hält, dann zaubern Sie aus Ihrer Tasche ein Leckerli und tauschen den Ball dagegen ein. Wiederholen Sie Schritt 1, wenn Ihr Hund das Futter gefressen hat.
3. Nehmen Sie den Ball nach einem weiteren „Tauschgeschäft" hoch und halten Sie ihn fest.
4. Warten Sie ab, bis sich Ihr Welpe von alleine hinsetzt. Sagen Sie hierbei nichts. Beobachten Sie sein Hinterteil.
5. Kommt Ihr Welpe alleine auf die Idee, sich hinzusetzen, lassen Sie sofort den Ball vor Ihrem Hund wegrollen.
6. Wiederholen Sie dies einige Male und steigern Sie langsam die Ablenkung, indem Sie z. B. an verschiedenen Orten trainieren. Lassen Sie Ihren Hund selbst auf die Idee kommen, sich richtig zu entscheiden. Je geduldiger Sie warten, desto schneller wird er später das Verhalten ausführen.

Tipp

Im Alltag üben

Übertragen Sie dieses Spiel in den Alltag. Ihr Welpe will schnell durch die Tür in den Garten laufen? Öffnen Sie die Tür erst, wenn er sich hingesetzt hat. Ihr Hund springt Sie an, weil Sie Futter in der Hand haben? Geben Sie es ihm erst, wenn sein Po für einige Zeit den Boden berührt.

Höflichkeitsübungen lassen sich im Alltag integrieren.

Schnüffelkiste

Die Übung

Nähert sich die Hand des Menschen einem fressenden Hund, schlingen viele ihr Futter schnell herunter, aus Sorge, ihr Mensch könnte es ihnen wegnehmen. Bei diesem Spiel soll Ihr Welpe lernen, entspannt zu fressen, auch wenn sich Ihre Hand dem Futter nähert. Vorteil: Im Notfall können Sie ihm so sein Futter schnell wegnehmen.

Was Sie dafür brauchen:

- Leckerlis
- 30 Fleecestreifen (30 x 4 cm, z. B. aus einer Fleecedecke ausgeschnitten)
- ein etwa 30 x 15 cm großer Kunststoffkorb mit Gitterboden und Gitterwänden

Alternative: Sie können auch Stoffreste verwenden und bei einem größeren Welpen einen großen Wäschekorb mit entsprechend längeren Fleecestreifen.

Schritt für Schritt

So basteln Sie eine Schnüffelkiste:

1. Einen Fleecestreifen um eine Gitterverbindung am Boden fädeln, sodass die beiden Enden im Korb sind.
2. Beide Enden zusammenknoten.
3. Wiederholen Sie dies nun gleichmäßig verteilt an Boden und Wänden des Korbs.
4. Streuen Sie Leckerlis in die Schnüffelkiste und lassen Sie Ihren Welpen danach suchen.
5. Während er sucht, füttern Sie ihm weitere Leckerchen direkt aus Ihrer Hand. Wiederholen Sie dies einige Male.
6. Sobald Ihr Welpe alle Leckerlis erschnüffelt und aufgefressen hat, legen Sie ein neues Futterstück zwischen die Fleecestreifen. Diesmal warten Sie, bis Ihr Hund nicht mehr kaut, so kann er Sie besser wahrnehmen und nimmt die Hand als Ankündigung für neues Futter noch deutlicher wahr. Wiederholen Sie Schritt 4.

Tipp

Schnüffelalternativen

Sie können Suchkisten auch mit Korken, leeren Küchenrollen oder zerknülltem Zeitungspapier befüllen.

Eine Schnüffelkiste ist einfach zu basteln:

Fleecestreifen durchziehen, zuknoten, ...

Leckerlis rein und die Suche kann beginnen.

Geduldiges Warten

Die Übung

Ihr Welpe will spielen und kann sich kaum zurückhalten? Mit diesem Spiel trainieren Sie, dass er sich länger gedulden kann. Er lernt zu warten, bis Sie ihm erlauben aufzustehen oder ihm eine andere Aufgabe geben.

Was Sie dafür brauchen:

- ein Intelligenzspiel für Hunde, das mit Futter befüllt werden kann (selbstgemacht, siehe Seite 18, oder aus dem Zoofachhandel)
- Leckerlis

Schritt für Schritt

1. Spielen Sie mit Ihrem Hund einige Durchgänge des Intelligenzspiels, sodass er das im Spiel versteckte Futter einfach fressen kann. Gestalten Sie das Spiel in kleinen Schritten und mit vielen Erfolgserlebnissen, dann wird Ihr Welpe auch bei schwierigeren Aufgaben später voller Begeisterung dabeibleiben.
2. Befüllen Sie das Intelligenzspiel außer Reichweite des Hundes, er soll das Spiel jedoch sehen können.
3. Warten Sie, bis sich Ihr Hund von sich aus hinsetzt.
4. Bewegen Sie das Spiel dann langsam Richtung Boden. Sobald Ihr Welpe aufsteht, nehmen Sie das Spiel wieder ein Stück hoch. Setzt sich Ihr Welpe, wandert es wieder nach unten.
5. Hat Ihr Hund brav gewartet, geben Sie ihm ein Auflösesignal, z. B. „Lauf" und er darf das Spiel starten.

Geduldiges Warten wird mit einem tollen Spiel belohnt.

Aktion abbrechen

Die Übung

Ziel dieses Spiels ist, dass Ihr Hund sich auf ein Signal hin schnell von einem Gegenstand abwendet und zu Ihnen dreht. Oft verwenden wir Menschen dafür automatisch als Signal „Nein“ und sprechen es zudem meist recht streng aus. Verständlich, denn wer kann schon freundlich bleiben, wenn der Welpe z. B. gerade genüsslich die teuren Schuhe annagt? Die Kunst ist es aber, das Abbruchsignal so aufzubauen und anzuwenden, dass der Hund es mit Freude ausführt. Versuchen Sie doch mal, statt „Nein“ ein anderes Wort zu wählen und freudig auszusprechen. Wie wäre es z. B. mit „Bingo“?

Was Sie dafür brauchen:

- Hilfsperson
- Leckerlis

Schritt für Schritt

1. Nehmen Sie in jede Hand ein Leckerli und halten Sie diese in Ihren verschlossenen Händen vor die Nase Ihres Welpen.
2. Strecken Sie Ihre Arme zur Seite.
3. Wenn der Hund zu einer Hand geht, sagen Sie „Bingo“. Dann halten Sie die andere Hand vor seine Nase und locken ihn zur anderen Seite. Dort darf er das Leckerchen fressen. Wiederholen Sie dies mehrere Male.
4. Strecken Sie Ihre Hände mit den Leckerlis wieder zu den Seiten aus. Geht Ihr Welpe zu einer Hand, sagen Sie „Bingo“ und öffnen Sie danach die andere, noch ausgestreckte Hand, damit Ihr Hund das Leckerli fressen kann. Dreht er sich auf das Wort „Bingo“ sofort zur anderen Hand, können Sie zum nächsten Schritt wechseln.
5. Eine Hilfsperson lässt Ihren Hund an der Hand mit einem Leckerli schnuppern und Sie sagen das Wort „Bingo“. Wendet sich Ihr Hund von der Futterhand ab und dreht sich zu Ihnen um, geben Sie ihm ein Leckerli.

Tipp

Im Alltag üben

Überlegen Sie sich genau, wann Sie dieses Signal im Alltag sagen. Zunächst sollten Sie es in allen möglichen Situationen üben und nur dann sagen, wenn Sie 1000 € darauf verwetten können, dass Ihr Welpe auch darauf reagiert.

Freudig bricht der Welpe beim Signal „Bingo“ sein bisheriges Verhalten ab.

Einen Gegenstand hergeben

Die Übung

Hier lernt Ihr Welpe spielerisch, einen Gegenstand auf das Signal „Aus“ hin auszuspucken.

Was Sie dafür brauchen:

- unterschiedlich interessante Gegenstände, wie z. B. einen Schlüsselbund oder ein Spielzeug
- Leckerlis

Schritt für Schritt

1. Sagen Sie das Wort „Aus“ und werfen Sie eine Handvoll Leckerchen auf den Boden. Ihr Hund darf alle Leckerchen auffressen. Wiederholen Sie diesen Schritt mindestens 3-mal.
2. Legen Sie einen Gegenstand auf den Boden. Ihr Welpe kann zu dem Gegenstand hingehen, muss es aber nicht. Wiederholen Sie nun Schritt 1.
3. Jetzt geben Sie Ihrem Welpen einen Gegenstand, den er toll findet. Sobald Ihr Welpe den Gegenstand im Maul hat, sagen Sie das Aus-Signal und werfen wieder eine Handvoll Leckerlis.
4. Wiederholen Sie Schritt 3. Diesmal werfen Sie erst die Leckerchen, wenn Ihr Hund auf das Signal „Aus“ den Gegenstand fallengelassen hat.
5. Üben Sie nun mit einem für Ihren Hund interessanteren Gegenstand und wiederholen dabei Schritt 4.

Tipp

Überzeugende Leckerchen

Das Futter, welches Sie Ihrem Hund auf dem Boden werfen, muss Ihrem Hund wichtiger sein, als der Gegenstand, den er ausgeben soll. Sind Sie sich nicht sicher, ob dies der Fall ist, können Sie es, wie auf Seite 10 im Abschnitt Futterbelohnungen beschrieben, testen.

Yakajo lässt beim Signal „Aus“ so schnell er kann sein Spielzeug fallen.

„Ertappen" Sie Ihren Welpen beim Liebsein

Beachten Sie das gute Verhalten Ihres Welpen und ignorieren Sie unerwünschtes Verhalten! Wir zeigen Ihnen, wie Sie das im Alltag umsetzen können.

Klein Lady springt aufgeregt die Besucher an und wird immer wieder darauf hingewiesen, nicht zu springen und von den Beinen heruntergeschoben. Lady möchte Aufmerksamkeit und bekommt reichlich davon. Durch die Erziehungsversuche steht sie während des Eintretens des Besuchs an der Haustür, im Flur und im Wohnzimmer im Mittelpunkt. Das Problem: Unerwünschtes Verhalten wird beachtet und dadurch verstärkt. Die Lösung: Ignorieren Sie unerwünschtes Verhalten und beachten Sie gutes.

Verhalten ignorieren

Verhalten zu ignorieren ist bei einem Welpen oft gar nicht so einfach. Gerade, wenn Ihr Hund seine scharfen Welpenzähne an Ihrem Designersofa erprobt. Was tun? Hier geben wir Ihnen alltagstaugliche Lösungsvorschläge für einige typische Probleme.

Hausstiefel verhindern das bei Welpen beliebte „Zwicken".

Unerwünschtes Verhalten wird durch eine Hausleine unterbrochen.

In Beine zwicken

Ihr Welpe jagt Ihre Füße, verbeißt sich in Socken und Hose. Dieses Verhalten wird von fast allen Welpen gezeigt und lässt später automatisch nach. Schenken Sie Ihrem Hund jedoch jedes Mal Aufmerksamkeit und spielen womöglich noch ein kleines Zerrspiel mit Hose und Hund, wird das Verhalten indirekt belohnt und dadurch auch öfter gezeigt. Um das Verhalten ignorieren zu können, ziehen Sie sich beispielsweise für einige Zeit statt Ihrer Hausschuhe Gummistiefel an. Alternativ können Sie sich auch eine Kiste aufstellen, in die Sie bei einer akuten Zerrattacke flüchten. Ihr Welpe wird dadurch schnell den Spaß an anderen Sachen finden und Ihr Bein als uninteressant abstempeln.

An Gegenständen kauen

Erwischen Sie Ihren Welpen, wie seine scharfen Welpenzähne an Ihren Stuhlbeinen nagen? Belohnen Sie Ihren Hund nicht, indem Sie ihm Aufmerksamkeit schenken und jedes Mal dann, wenn er dort nagt, mit einem anderen Spielzeug wedeln. Nehmen Sie ihn kommentarlos weg und leinen Sie ihn für einige Zeit an einem Geschirr mit einer Hausleine (ca. 2 m lange Leine für die Wohnung) an. Befindet er sich auf dem Weg zu den Möbeln, halten Sie die Leine fest und lassen Sie erst wieder los, wenn sich Ihr Hund umdreht und woanders hinwill. Reiben Sie beliebte Knabberstellen z. B. mit Essig ein – der Geruch und Geschmack verderben den Spaß am Knabbern. Achtung: Die Mittel dürfen weder Hund noch Möbeln oder Textilien schaden! Achten Sie zusätzlich darauf, dass Ihr Welpe genügend Kauknochen zur Verfügung hat, denn zu kauen ist für seine Welpenzähne wichtig!

An Ihren Beinen hochspringen

Ihr Welpe springt Sie oft an? Drehen Sie sich dann jedes Mal um und beachten Sie Ihren Welpen so lange nicht, bis er mit den Pfoten für ein paar Sekunden am Boden ist. Erst wenn er für einige Zeit mit allen vier Pfoten den Boden berührt, schenken Sie ihm Ihre Aufmerksamkeit. Damit der Kleine das versteht, sollten dies alle Menschen machen, die er anspringt: Alle Familienmitglieder und auch Ihr Besuch müssen da mitmachen. Setzt sich Ihr Welpe zur Begrüßung lieb hin? Super, belohnen Sie ihn!

Joggern hinterherlaufen

Fremde Spaziergänger und ganz besonders Jogger sind für Welpen sehr interessant. Gerne laufen oder jagen sie ihnen hinterher. Veranstalten Sie dann ein Nachlaufspiel, um den Welpen einzufangen, findet er das meist lustig und Sie belohnen ihn dadurch noch dafür. Sie können dieses unerwünschte Verhalten ganz einfach vermeiden, indem Sie Ihren jungen Hund beim Spaziergang an einer langen Leine führen, die Sie am Geschirr befestigen. Diese sollte leicht sein und locker auf dem Boden schleifen, verwenden Sie keine Roll- oder Automatikleine. Begegnet Ihnen etwa ein Jogger, lenken Sie die Aufmerksamkeit Ihres Hundes mit einem Leckerli auf sich. Ihr Hund lernt so, dass Sie viel spannender sind. Gehen Sie zuzdem oft mit Ihrem Hund an Orten spazieren, wo Ihnen beispielsweise Spaziergänger, Jogger oder Radfahrer begegnen. Dann wird er sich sicher bald an sie gewöhnen und sich nicht mehr für sie interessieren.

Ihnen fallen bestimmt noch weitere Möglichkeiten ein, wie Sie unerwünschtes Verhalten ignorieren und das gewünschte beachten können. Seien Sie kreativ!

Gutes Verhalten erkennen

Viele Probleme lösen sich von selbst, wenn Sie das gute Benehmen Ihres Welpen beachten und es mit Aufmerksamkeit und Spiel belohnen, hingegen das in Ihren Augen schlechte Verhalten ignorieren. Das erwünschte Verhalten fällt nur leider oft nicht auf. Würde sich Ihr Welpe bei Besuch brav an der Haustür hinsetzen, würde er vielleicht gar nicht auffallen und beachtet. Seien Sie deshalb aufmerksam und achten Sie einen Tag lang einmal ganz bewusst auf das erwünschte Verhalten. Geht Ihr Welpe zu seinem Körbchen und legt sich hin? Grund genug, dieses Verhalten zu belohnen. Wartet Ihr Hund geduldig auf sein Futter? Schaut Ihr Hund Sie während eines Spazierganges an? Ihr Hund zeigt bestimmt auch schon eine Menge tolles Verhalten. Loben und belohnen Sie ihn dafür, gerne auch an anderen Tagen.

Erwünschtes Verhalten wird vom Welpen häufiger gezeigt, wenn es sich für ihn „lohnt“.

Tipp

Erstellen Sie eine „Könnenliste" mit Verhaltensweisen, die Ihr Hund schon sehr gut ausführt.
Mein Welpe ...

- bleibt beim Spaziergang in meiner Nähe.
- spielt in der Wohnung mit seinem Spielzeug.
- wartet geduldig, bis ich sein Futter zubereite.

Hier fallen Ihnen bestimmt noch viel mehr Punkte ein.
Belohnen Sie alle diese Verhaltensweisen!

„Fass-mich-an"-Spiel

Die Übung

Vielen Hunden ist es unangenehm, wenn eine Hand Ihren Kopf tätschelt. Sie können es jedoch oft nicht verhindern, dass fremde Menschen Ihrem Welpen über den Kopf fassen. Mit diesem Spiel lernt Ihr Hund, dass die tätschelnde Hand zur Ankündigung für etwas Schönes wird!

Was Sie dafür brauchen:

› Leckerlis

Schritt für Schritt

1. Testen Sie, wo Sie bei Ihrem Hund mit dem Training beginnen sollten, indem Sie ihn bei folgender Übung genau beobachten:
2. Halten Sie Ihren ausgestreckten Arm über seinen Kopf und senken Sie Ihre Hand. Wie verhält sich Ihr Hund? Ein Wegdrehen des Kopfes, ein Gähnen oder ein plötzliches Kratzen könnten Anzeichen dafür sein, dass es ihm unangenehm ist.
3. Sie haben herausgefunden, wann es Ihrem Hund unangenehm wird? Beginnen Sie mit dem Training, wenn er noch keine Signale des Unbehagens zeigt.
4. Nehmen Sie ein Leckerli in eine Hand und senken Sie die andere Hand langsam über dem Hundekopf. Stoppen

Pepe lernt, dass es keine Gefahr bedeutet, wenn sein Kopf getätschelt wird.

Sie, bevor es Ihrem Hund unangenehm wird und geben Sie ihm das Leckerli.

5. Wiederholen Sie Schritt 4, doch senken Sie die Hand etwas weiter. Sie machen alles richtig, wenn Ihr Hund keine Signale von Unbehagen zeigt. Fühlt Ihr Welpe sich unwohl, gehen Sie wieder einen Schritt zurück.

Tipp

Mit Fremden üben

Üben Sie das Verhalten zunächst innerhalb Ihrer Familie und anschließend mit fremden Personen. Viele fremde Personen wollen Ihren Welpen anfassen: Eine perfekte Möglichkeit, dieses Verhalten zu trainieren.

Die Hand wird zur Ankündigung für ein Spiel.

Leckerchenautomat: der Maulkorb

Die Übung

Es gibt viele Situationen, in denen es nötig oder sinnvoll sein kann, dass Ihr Hund einen Maulkorb trägt. Daher sollte schon Ihr Welpe lernen, dass er keine Angst vor dem seltsamen Ding haben muss. Im Gegenteil: Mit diesem Spiel wird der Maulkorb als Leckerchenautomat gerne akzeptiert.

Was Sie dafür brauchen:

› ein Maulkorb
› Leckerlis

Tipp

Der richtige Maulkorb

Ein gut sitzender Maulkorb sollte an die Schnauzenlänge und den Schnauzenumfang Ihres Hundes angepasst sein. Wählen Sie einen Maulkorb, mit dem Ihr Hund hecheln und trinken kann.

Schritt für Schritt

1. Lassen Sie Ihren Hund am Maulkorb schnuppern.
2. Legen Sie ein paar Futterstücke in den Maulkorb und lassen Sie Ihren Hund diese fressen.
3. Stecken Sie nun von vorne Leckerlis in den Maulkorb. Ihr Hund bekommt sie nur, wenn er seine Schnauze in den Maulkorb steckt.
4. Halten Sie Ihrem Hund den Maulkorb hin, vielleicht steckt er seine Nase schon von selbst hinein. Solange er seine Nase im Maulkorb hat, geben Sie ihm zur Belohnung Leckerlis durch die vorderen Öffnungen.
5. Lassen Sie Ihren Hund die Schnauze in den Maulkorb stecken und verschließen Sie diesen. Geben Sie ihm ein Leckerchen durch den Maulkorb und nehmen Sie ihn gleich wieder ab. Wiederholen Sie diesen Vorgang mindestens 20- bis 30-mal im Verlauf von einigen Tagen. Verlängern Sie dabei sekundenweise die Zeit.
6. Steigern Sie die Zeit des Tragens des Maulkorbs immer weiter.

Für Finja ist ein Maulkorb eine „Leckerchenmaschine“.

Gemeinsam die Welt entdecken

Wenn es knistert und poltert

Hunde haben ausgezeichnete Ohren. Sie nehmen leise Töne wahr und natürlich ganz besonders die lauten. Manchmal kann das für den Vierbeiner bedrohlich sein.

An Geräusche gewöhnen

Geräusche sind überall. Ob im Haushalt (Fernseher, Staubsauger, Trockner), im Garten (Rasenmäher, Heckenschere, werkelnde Nachbarn), auf Ausflügen (hupende Autos, Heißluftballon, Eisenbahn) oder ganz besonders bei bestimmten Ereignissen (Silvester, Vuvuzelas zur Fußball-WM, Polterabend). Damit Ihr Welpe keine Angst davor bekommt, ist es wichtig, ihn frühzeitig an Geräusche und Lärm zu gewöhnen. Werden unheimliche und ungewöhnliche Geräusche mit positivem Dingen verknüpft, verlieren sie für Ihren Hund ihre einschüchternde Wirkung. Noch besser: Die Geräusche werden für ihn zur Ankündigung von etwas Positivem und lösen keine Angst aus, sondern eine freudige Erwartung.

Knisterflaschen-Schnüffelbox

Um Ihren Hund an das Knistern von Plastikflaschen zu gewöhnen, ist eine Knisterflaschen-Schnüffelbox eine sehr schöne Möglichkeit. Neben den unterschiedlichen Geräuschen, lernt Ihr Welpe auf einem ungewöhnlichen Untergrund zu laufen.

Was Sie dafür brauchen:
- Kunststoffflaschen
- eine Kiste, in die Ihr Welpe einfach gehen kann
- Leckerlis

Leckerchensuche zwischen Kunststoffflaschen – so wird Ihr Welpe an neue Geräusche gewöhnt.

Lassen Sie Ihren Welpen unheimliche Dinge aus sicherer Distanz beobachten – sodass er sich nicht erschreckt.

Schritt für Schritt

1. Gewöhnen Sie Ihren Hund zunächst langsam an die knisternden Flaschen. Nehmen Sie dazu eine Kunststoffflasche in Ihre Hand, knistern Sie damit etwas und werfen Sie Ihrem Hund ein Leckerli zu.
2. Zeigt Ihr Welpe dabei keinerlei Stresssignale, können Sie zum nächsten Schritt übergehen. Bemerken Sie an ihm jedoch Körpersignale wie das Lecken der eigenen Nase, Gähnen, Blinzeln, Wegdrehen oder Kratzen, können das Anzeichen dafür sein, dass Ihr Hund unsicher oder vielleicht sogar überfordert ist. Beobachten Sie Ihren Welpen genau und steigern Sie die Geräusche daher nur langsam oder verringern Sie sie sogar etwas.
3. Legen Sie nun zwei oder drei der Flaschen in eine Kiste und legen Sie Leckerlis dazwischen. Animieren Sie Ihren Welpen, die Leckerchen zu suchen.
4. Gehen Sie vor wie in Schritt 3. Legen Sie nun jedoch so viele Flaschen dazu, dass der Boden der Kiste komplett belegt ist und streuen Sie Leckerlis dazwischen.
5. Befüllen Sie die Kiste nun randvoll mit Flaschen und verteilen Sie Leckerlis, die Ihr Welpe im Flaschenbad erschnüffeln darf. Fordern Sie ihn wieder zum Suchen auf.

Tipp

Vielfältige Geräusche

Verknüpfen Sie weitere Geräusche positiv. Klappern Sie z. B. mit den Futterdosen, während Sie den Napf auf den Boden stellen, oder stampfen Sie beim Zerrspiel mit den Schuhen auf den Boden. Ihnen fallen bestimmt weitere Möglichkeiten ein.

Sozialspiel mit anderen Hunden

Beim richtigen Spiel mit anderen Hunden kann Ihr Welpe eine Menge lernen, z. B. freundliches Sozialverhalten, Beißhemmung und das „Lesen“ der Körpersprache anderer Hunde.

Was lernen Welpen beim Spiel mit Artgenossen?

Normalerweise ziehen Welpen im Alter zwischen acht und zwölf Wochen bei ihrer neuen Familie ein und haben von der Mutter und den Geschwistern schon eine Menge gelernt. Das Lernen sollte durch Interaktionen mit anderen Hunden, am besten verschiedener Altersklassen und Rassen, fortgesetzt werden. So lernen Welpen die Körpersprache anderer Hunde richtig „lesen”. Im Spiel erproben Hunde Handlungen für die gesamte Bandbreite der Kommunikation. Spielen macht Welpen kommunikativ und anpassungsfähig, weil sie viele Situationen kennenlernen und durchspielen: Sie fixieren sich, jagen sich gegenseitig, beißen sich spielerisch und rollen übereinander her. Welpen lernen die unterschiedlichen Wirkungen ihrer Verhaltensweisen kennen und angemessen zu reagieren. Schnappt ein Welpe seinen Spielpartner zu fest, wird dieser darauf reagieren, indem er z. B. das Spiel abbricht. Schnell lernt der Welpe, seine Zähne so einzusetzen, das sie keine Schmerzen erzeugen.

„Runterfahren” und Entspannung

Eine weitere wichtige Fähigkeit ist, dass ein Welpe lernt, sich in der Nähe anderer Hunde zu entspannen. Dies ist besonders bei Begegnungen an der Leine sinnvoll. Hat ein Welpe gelernt, dass die Anwesenheit anderer Hunde jedes Mal „Party” bedeutet, kann dies zu Problemen führen. Denn es könnte sein, dass er beim Anblick eines anderen Hundes in einen Partymodus verfällt und regelrecht ausflippt, weil er zu seinem Spielpartner will.

In Welpengruppen können Sie diese Entspannung sehr schön üben: Alle Welpen werden angeleint und dann wird gewartet, bis alle sich beruhigt haben. Dafür können Sie sich auf die Leine Ihres Hundes stellen und ihn nicht weiter beachten. Schenken Sie ihm nur Aufmerksamkeit, wenn er sich ruhig verhält. „Tanzt” er an der Leine aufgeregt herum, warten Sie einfach ab. Haben Welpen gelernt, schnell „herunterzufahren”, ist dies eine sehr wichtige Voraussetzung für das weitere Hundeleben!

Yakajo (links) zeigt die typische Spielaufforderung, Finja ist noch zurückhaltend.

Yakajo (rechts) steht über Finja und fixiert sie. Beim richtigen Spiel ist einmal der eine, dann wieder der andere Welpe oben.

Wie sieht ein „schönes" Spiel aus?

Einen Welpen mit anderen Hunden spielen zu lassen, ist wichtig für Welpen. Wann aber sollte das „Spiel" besser unterbrochen werden? Folgende Punkte beschreiben ein entspanntes Spiel:

1. Es gibt einen ausgeglichenen Rollenwechsel, beim Gerangel ist einmal der eine, dann der andere Hund oben.
2. Spiel ist geprägt von Übertreibungen, z. B. beim Spielgesicht reißen Hunde das Maul besonders weit auf und zeigen ihrem Spielpartner dabei die gesamte Zahnpracht.
3. Bestimmte Verhaltensweisen werden wiederholt.
4. Bewegungen sehen rund aus, in der Wirbelsäule ist Bewegung, das Gesicht ist entspannt.

Tipp

Ausgeglichen spielen

Sind Sie sich nicht sicher, ob das Spiel noch ausgeglichen ist, halten Sie den stärkeren Spielpartner fest. Entfernt sich der andere Welpe, hat er sich unwohl gefühlt. Läuft er jedoch gleich wieder zu seinem Spielpartner, hat ihm das Spiel Spaß bereitet.

Test: Der im Spiel unterlegene Welpe kommt freudig angelaufen. Das Spiel kann weitergehen.

Schutzhöhle

Ihr Welpe fühlt sich unsicher, weil ein fremder Hund stürmisch angelaufen kommt oder ein fremder Mensch plötzlich nach ihm fasst? Bieten Sie Ihrem Welpen dann Schutz.

Sie passen auf

Ihr Hund kann lernen, in solchen Situationen Schutz bei Ihnen zu suchen. Bringen Sie ihm dazu bei, sich zwischen Ihre Beine zu stellen, mit seinen Vorderpfoten auf Ihren Schuhen. Während Ihr Hund so zwischen Ihren Beinen parkt, können Sie mit Ihren Händen andere Hunde und Menschen abhalten. Diese „Schutzhöhle" gibt Ihrem Welpen Sicherheit. Vorteil: Bei Unsicherheit läuft Ihr Hund nicht weg und bringt sich dadurch womöglich in Gefahr. Und er wird kein Angstbeißer, weil er nicht die Erfahrung macht, dass Angriff die beste Verteidigung ist.

Wenn Sie auf Spaziergängen Ihren Welpen genau beobachten, bemerken Sie durch seine Körpersprache, wenn er sich unwohl fühlt: Vielleicht nimmt er seine Rute nach unten, geht in eine geduckte Haltung oder stellt seine Nackenhaare hoch. Rufen Sie ihn in diesen Momenten gleich zu sich oder gehen zu ihm hin und bieten ihm Sicherheit.

Zunächst lernt Holly, zwischen den Füßen zu stehen.

Schritt für Schritt

Üben Sie zunächst zu Hause, wo Ihr Welpe sich sicher fühlt und später mit immer mehr Ablenkung, auch in stressigen Situationen.

Was Sie dafür brauchen:

- Leckerlis

1. Stellen Sie sich hin, Ihre Füße ca. 40 cm weit auseinander. Locken Sie Ihren Welpen mit einem Leckerli hinter Ihre Beine. Gehen Sie nun in kurzen Schritten nach vorne und legen Sie bei jedem Schritt ein Leckerchen hinter Ihre Beine: So folgt Ihr Hund Ihnen und hat Ihre Fersen im Blick.
2. Ist Ihr Welpe hinter Ihnen, stellen Sie bei jedem Schritt die Beine enger zusammen. Geben Sie ihm nun ein Leckerli aus der Hand, von vorne durch die Beine. Ihr Hund soll selbstbewusst Ihre Beine zur Seite drücken.
3. Wichtig: Damit Ihr Hund keine Angst bekommt, stellen Sie die Beine nur enger, wenn er hinter Ihnen ist und nicht, wenn er bereits zwischen Ihren Beinen ist.
4. Wiederholen Sie Schritt 2, doch legen Sie nun das Leckerli auf den Boden: Immer etwas weiter nach vorne, sodass er sich bald durch Ihre Beine schlängeln muss.
5. Passt Ihr Hund gerade noch hindurch, legen Sie ein Leckerli zwischen Ihre Beine und füttern ein zweites aus Ihrer Hand.
6. Wiederholen Sie Schritt 4 mit zusammengestellten Füßen. Mit dem zweiten Leckerli locken Sie Ihren Hund durch Ihre Beine auf Ihre Schuhe. Belohnen Sie ihn, während er auf Ihren Schuhen steht.

So können Sie aufdringliche Hunde abwehren.

Tipp

Als Trick üben

Aus der Schutzhöhle wird schnell ein lustiger Trick. Bringen Sie Ihren Hund bei, bei kleinen Schritten auf Ihren Füßen mitzulaufen.

Handtarget

„Target" ist Englisch und bedeutet „Ziel". Mit einem Handtarget können Sie Ihren Hund spielerisch durch die unterschiedlichsten Situationen geleiten.

Die Hand als Hilfsmittel

Das Leben bereitet Ihrem Welpen viele kleine und große Abenteuer, und die Gewöhnung an die Umwelt ist die Grundlage für ein glückliches Hundeleben. Schließlich verlangt das Leben in der menschlichen Gesellschaft heute mehr von einem Hund, als dies sicherlich früher der Fall war: Heute sehen wir in ihm vielmehr ein Familienmitglied und unseren treuen Begleiter. Sie wollen Ihren Vierbeiner überall mit hinnehmen können? Das ist möglich, wenn Sie ihn so erziehen, dass er in der Gesellschaft nicht als störend wahrgenommen wird. Ihre Hand ist dabei ein perfektes Hilfsmittel: immer dabei und jederzeit einsatzbereit. Die Spiele der Kapitel zwei und drei sind hervorragend geeignet, damit Sie in der Gesellschaft nur positiv mit Ihrem Hund auffallen. Doch Sie können noch mehr. Stellen Sie sich hierzu folgende Situation vor:
Sie gehen mit Ihrem Hund auf einem schmalen Bürgersteig an einer stark befahrenen Straße spazieren. Ihnen kommt eine Mutter mit Ihrem Kinderwagen entgegen, das Kind spielt mit einer Rassel. Ihr Hund möchte das Geräusch erkunden und am Kinderwagen schnuppern. Die Mutter hat bereits einen besorgten Gesichtsausdruck, weil Sie nicht ausweichen kann. Sie erkennen sofort die Situation. Bringen Sie Ihrem Welpen bei, mit seiner Nase gegen Ihre Handfläche zu stupsen. So konzentriert er sich voll und ganz auf Sie und Sie können schwierige Situationen mit ihm leichter managen. Wie das Ganze genau funktioniert, erfahren Sie im Folgenden. Alternativ können Sie ihm auch beibringen, Ihre Hand anzuschauen – besonders schonend für Ihren Rücken. Der Aufbau ist identisch.

Schritt für Schritt

Mit dem Prinzip des Handtargets können Sie die unterschiedlichsten Situationen meistern, denn Ihre Hand wird zum Ziel.

Was Sie dafür brauchen:

› Leckerlis

1. Nehmen Sie ein Leckerli in die Hand, schließen Sie die Hand und halten Sie sie vor die Schnauze Ihres Welpen. Schnuppert er an Ihrer Hand, öffnen Sie die Hand und geben Ihm das Leckerli. Wiederholen Sie dies 5-mal.
2. Halten Sie nun die leere Hand neben den Kopf Ihres Hundes. Berührt er die Hand, um daran zu riechen, geben Sie ihm zur Belohnung ein Leckerli.
3. Halten Sie die Hand so weit von ihm entfernt, dass er mindestens einen Schritt gehen muss, um Ihre Hand mit der Schnauze zu berühren. Anschließend geben Sie ihm eine Belohnung.
4. Schaffen Sie es durch gezieltes Positionieren der Hand, dass Ihr Hund sich im Kreis dreht?
5. Nun muss Ihr Hund immer länger mit der Schnauze an der Hand verweilen, bis er von Ihnen eine Belohnung erhält.

Tipp

Nicht mogeln

Achten Sie bei dem Training mit dem Handtarget darauf, dass sich Ihr Welpe zur Hand und nicht Ihre Hand zum Welpen bewegt.

Der Fokus ist auf die Hand gerichtet.

Traumreise am Strand

Schon ein Kieselstein, der zwischen den Zehen kratzt, kann eine große Vertrauensprobe zwischen Hund und Mensch darstellen. Ziel dieses Spiels ist, dieses Vertrauen aufzubauen.

Barfuß im Sand

Im Folgenden machen Sie eine Traumreise mit Ihrem Hund. Inhalt der Reise sind Situationen, die jedem Mensch-Hund-Gespann geschehen können. Setzen Sie sich hierfür zusammen mit Ihrem Hund auf dem Boden und lösen Sie gemeinsam die Herausforderungen aus der Traumreise ...

Quallenalarm

Es ist ein sonniger und warmer Tag. Sie befinden sich mit Ihrem Hund an einem Strand. Sie riechen den Duft des Meeres – salzig und frisch. Barfuß gehen Sie den Sandstrand entlang und beobachten, wie Ihr Hund ausgelassen im Sand herumtollt. Er wird ganz aufgeregt und buddelt ein Loch. Plötzlich jault er auf. Sie laufen sofort in seine Richtung. Kaum sind Sie bei ihm angekommen, sehen Sie eine große Qualle im Sand liegen. Ihrem Hund geht es schon wieder gut, vielleicht war es nur der erste Schreck. Sie gehen auf Nummer Sicher und schauen sich alle Pfoten an, ob Sie eine Verletzung finden.

Streicheln Sie ganz langsam ein Bein vom Ansatz bis zu den Zehen. Anschließend heben Sie es leicht an und beugen es in Laufrichtung, damit Sie besser die Pfote untersuchen können. Sind Sie mit einem Bein fertig, streicheln Sie Ihren Hund langsam vom Hals bis zum Rutenansatz und gehen zum nächsten Bein.

Flohalarm

Zum Glück ist nichts passiert. Der Spaß, am Strand zu bleiben, ist vorbei. Sie wollen lieber in Richtung Ferienwohnung laufen. Von weitem sehen Sie einen Mensch mit einem Hund auf sich zukommen. Ihr Hund hat schon öfter mit dem anderen gespielt. Während die Vierbeiner ausgelassen am Strand toben, kommen Sie direkt mit dem andern Menschen ins Gespräch. Dieser erzählt, dass ihm eben ein anderer Hund entgegengekommen ist, welcher Flöhe gehabt haben soll. Schnell beenden Sie das Gespräch und sagen, dass Sie es sehr eilig hätten. Kaum sind Sie außer Sicht, schauen Sie gleich nach, ob Sie nicht einen Floh auf Ihrem Hund finden.

Wählen Sie eine Stelle auf dem Rücken Ihres Hundes aus und suchen Sie dort intensiv nach einem Floh. Schieben Sie dabei das Fell hin und her und gehen ruhig mit dem Gesicht etwas näher an die Stelle heran.

Sie sind endlich froh, die Ferienwohnung erreicht zu haben. Sie lassen sich den Ausflug am Strand noch einmal durch den Kopf gehen und stellen fest, dass Sie doch noch ganz schön Glück gehabt haben.

Die Ohren sind sauber. Dann kann die Traumreise weiter gehen.

Ganz entspannt liegt Finja bei ihrem Frauchen.

Frühförderung des Welpen

Im Gegensatz zu Menschenkindern haben Hunde eine verhältnismäßig kurze Zeit, um die große weite Welt kennenzulernen. Diese Zeit will genutzt sein.

Bestens vorbereitet

Daher ist es umso wichtiger, dass dem Welpen vom ersten Tag an spielerisch das Leben mit dem Menschen nahegebracht wird und er die Welt jeden Tag etwas weiter erforschen und kennenlernen kann.

Im Folgenden werden Ideen aufgeführt, mit welchen Sie bereits beim Züchter dem Hund spielerisch das Leben mit dem Menschen beibringen können. Der Welpe lernt in vertrauerter Umgebung und mit seinen Wurfgeschwistern an der Seite, Ihnen in verschiedenen Situationen zu vertrauen und entwickelt ein gesundes Selbstbewusstsein.

Kennen Sie das Gefühl von vollkommener Stille? Genau so ist es für die Welpen, da sie taub geboren werden. Es liegt an uns Menschen ihnen behutsam die verschiedenen Geräusche darzubieten. Sobald die Ohren der Welpen sich öffnen, können wir mit dem Präsentieren von Geräuschen starten. Achten Sie darauf, dass die Welpen beim Züchter Anschluss im Familienleben haben, sie erleben dadurch viele verschiedene Geräusche durch den Alltag.

Ob bereits beim Züchter oder wenn der Welpe schon bei Ihnen eingezogen ist: Die folgenden beiden Übungen lassen sich ganz einfach umsetzen. Leicht lässt sich so eine gute Basis schaffen, damit aus dem kleinen Hund ein toller Begleiter wird.

Anti-Anspringen

Achten Sie von Anfang an daran, dass die Welpen nur gestreichelt und auf den Arm genommen werden, wenn sie mit allen Pfoten auf dem Boden sind. Wenn die Kleinen von Anfang an lernen, dass sie nur beachtet und gestreichelt werden, wenn sie mit allen Pfoten den Boden berühren, beugen Sie dem Problem des ungewollten Anspringens vor. So bleibt Ihnen viel Ärger mit Mitmenschen erspart, denn Ihr Hund verziert die Hosen von Spaziergängern oder Ihrem Besuch nicht mit seinen Pfotenabdrücken.

Gemeinsames Fressen mit den Wurfgeschwistern: eine riesige Belohnung.

Welpenruf

Es ist sehr sinnvoll, einen Welpenruf zu trainieren, mit welchem Sie Ihren Welpen zu sich rufen können. Suchen Sie sich ein Geräusch aus, wie das Schütteln einer mit Leckerlis gefüllten Kunststoffdose. Bevor Sie Ihren Welpen mit einem bestimmten Wort rufen, rappeln sie immer mit der Dose. Das Rappeln alleine führt schon dazu, dass vermutlich alle Welpen zu Ihnen laufen. Geben Sie Ihrem Welpen anschließend Futter. Sie können auch den Züchter bitten, dieses Geräusch immer vor der Fütterung zu machen. Die Welpen werden sehr schnell den Zusammenhang von der Dose und dem Futter herausfinden und sofort loslaufen, wenn sie das Rappeln hören. Nutzen Sie diesen Effekt ruhig aus!

Buchtipps

Bauer, L.: Blitzrezepte für Hundekekse. Gesunde Leckereien selber backen. Verlag Eugen Ulmer, Stuttgart 2013

del Amo, I.: Dogdance. Schritt für Schritt vom Trick zur Kür. Verlag Eugen Ulmer, Stuttgart 2009

Jakob, A.: Hundespiele für zu Hause. Denksport, Tricks und Spiele. Verlag Eugen Ulmer, Stuttgart 2013

Lenz, C.: Großer Spaß für kleine Hunde. Tricks & Spiele für Chihuahua, Jack Russell Terrier, Mops & Co. Verlag Eugen Ulmer, Stuttgart 2015

Lenz, C.: Hundespielzeug einfach selber machen. Verlag Eugen Ulmer, Stuttgart 2013

Moss, L.: Blitzrezepte für Hundesnacks. Kekse, Leckerlis und mehr. Verlag Eugen Ulmer, Stuttgart 2015

Schmidt-Röger, H.: Mein kleiner Hund. Verlag Eugen Ulmer, Stuttgart 2009

Sondermann, C.: Einfach schnüffeln! Nasenspiele für den Hundealltag. Verlag Eugen Ulmer, Stuttgart 2011

Theby, V.: Verstärker verstehen. Über den Einsatz von Belohnung im Hundetraining. Kynos Verlag, Nerdlen 2012

Weiß, C.: Hundespiele für unterwegs. Denksport, Tricks und Spiele. Verlag Eugen Ulmer, Stuttgart 2015

Klicks im www

www.dogityourself.com
Website von Corinna Lenz mit Community von Hundefreunden, Schritt-für-Schritt-Anleitungen zum Selbermachen von Intelligenzspielzeugen, Leinen, Hundebetten und anderen schönen und nützlichen Dingen für Hunde.

www.clickercenter.com
Die Website der Hundeschule von Corinna Lenz. Hier finden Sie Seminartermine, Veranstaltungstipps und Artikel rund um das Thema Clickertraining und Spiel und Spaß mit Hund.

www.pfoten-college.de
Website der mobilen Hundeschule von Christiane Schnepper in Lindlar und Umgebung. Hier finden Sie Seminartermine und Informationen rund um das Thema Hund.

Bildquellen

Alle Fotos im Innenteil und auf dem Umschlag stammen von Heike Schmidt-Röger (www.schmidt-roeger.de).

Über die Autorinnen

Corinna Lenz leitet als staatlich anerkannte Hundeerzieherin und Verhaltensberaterin (IHK/BHV) die Hundeschule Clicker Center in Bonn und Troisdorf. Ihre Schwerpunkte sind die Erziehung von Familienhunden sowie Tricktraining. Weiter hat sie die Ausbildung zum TOP-Trainer abgeschlossen (TOP steht für Training Optimieren und Perfektionieren). Darüber hinaus hat sie die Community Website www.dogityourself.com initiiert, die tolle Do-it-yourself-Ideen für Hundefreunde parat hält. Mit ihrem Partner, ihrem Sohn und den Hunden Snoopy, Peanut und N'Joy wohnt sie in Troisdorf.

Christiane Schnepper leitet als staatlich anerkannte Hundeerzieherin und Verhaltensberaterin (IHK/BHV) die mobile Hundeschule Pfoten-College in und um Lindlar. Ihre Schwerpunkte sind die Erziehung von Familienhunden sowie Hundefrisbee und Tricktraining. Weiter hat sie die Ausbildung zum TOP-Trainer abgeschlossen und ist Prüferin des BHV- und DHVE-Hundeführerschein, welcher eine Alltags- und Sachkundeprüfung für das Hund-Halter-Team darstellt. Mit ihren beiden Hunden Balu und Bounty wohnt sie in Lindlar.

Dank der Autorinnen

Wir bedanken uns bei Jonathan und Sebastian, die uns immer wieder mit tollen Ideen überraschen, sowie bei allen Frauchen und Herrchen der vierbeinigen Fotomodels. Natürlich danken wir auch den Vierbeinern selbst! Wir danken dem Grafen von Spee, der uns die atemberaubende Location für die Fotos zur Verfügung gestellt hat, und bei Heike Schmidt-Röger, der Fotografin und einer der Lektorinnen des Buchs.

Dank der Fotografin

Ich schließe mich gerne dem Dank an den Grafen von Spee an. Mein herzlicher Dank gilt natürlich ebenfalls all den vier- und zweibeinigen Mitwirkenden des Fototermins, die wirklich alles gegeben haben. Es war mir eine Freude, mit Euch zu arbeiten!

In diesem Buch sind die Namen von Hundezubehör und -trainingsartikeln, die zugleich eingetragene Warenzeichen sind, als solche nicht besonders kenntlich gemacht. Es kann also aus der Bezeichnung der Ware mit dem für diese eingetragenen Warenzeichen nicht geschlossen werden, dass die Bezeichnung ein freier Warenname ist.
Die Markennamen wurden nur beispielhaft aufgeführt.
Die in diesem Buch enthaltenen Empfehlungen und Angaben sind von den Autorinnen mit größter Sorgfalt zusammengestellt und geprüft worden. Eine Garantie für die Richtigkeit der Angaben kann jedoch nicht gegeben werden. Autorinnen und Verlag übernehmen keinerlei Haftung für Schäden und Unfälle. Der Leser sollte bei der Anwendung der in diesem Buch enthaltenen Empfehlungen sein persönliches Urteilsvermögen einsetzen.

Bibliografische Information der Deutschen Nationalbibliothek

Die Deutsche Nationalbibliothek verzeichnet diese Publikation in der Deutschen Nationalbibliografie; detaillierte bibliografische Daten sind im Internet über http://dnb.d-nb.de abrufbar.

Hinweis: Der Verlag Eugen Ulmer ist nicht verantwortlich für die Inhalte der im Buch genannten Websites.

Wollgrasweg 41, 70599 Stuttgart (Hohenheim)
E-Mail: info@ulmer.de
Internet: www.ulmer.de
Lektorat: Heike Schmidt-Röger, Kathrin Gutmann
Herstellung: Thomas Eisele
Reproduktion: timeRay Visualisierungen, Herrenberg
Innenlayout und DTP: Atelier Reichert, Stuttgart
Druck und Bindung: Westermann Druck, Zwickau
Printed in Germany

ISBN 978-3-8001-3390-1